나를 위한 인생의 쉼표 여행

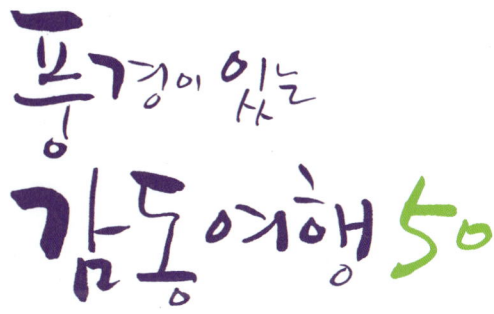

풍경이 있는
감동여행 50

글과 사진 남윤중

상상출판

7년간의 여행이 나에게 준 선물

사진 찍는 일을 직업이라 밝히면 대부분의 사람들이 말한다. "자유롭게 전국을 다닐 수 있어서 좋겠어요." 하지만 내가 하는 사진 작업들은 대부분 실내에서 이뤄진다. 그렇지 않다고 손사래를 쳐봤자 '역시 늘 하는 일이라 떠나는 기쁨에 감사할 줄 모르는군' 하는 시선만이 돌아왔다. 그러던 내가 '혼자만 자유를 만끽하는 직업이라 죄송하다는 듯' 계면쩍게 웃으면서 뒷머리라도 긁적이게 된 것이 2004년부터의 일이다.

(주)쌍용의 사외보 〈여의주〉에 실릴 옛길을 한 달에 한 번씩 촬영할 기회가 생겼다. 사람이 떠나면서 사라져가는 산골마을, 하나씩 문을 닫는 간이역을 사람들에게 알리고 싶은 소박한 마음에서 시작된 기획이었다. 그리고 이 일은 7년의 세월이 지난 지금까지도 계속되고 있다. 그 사이 방문 대상도 넓어져서 오지마을, 간이역, 소읍까지 찾아다니고 있다.

지난겨울, 서점에서 여행 관련 도서들을 보니 7년이 흐르는 사이에 여행의 코드도 다양해져 있었다. 휴양림 여행, 자전거 여행, 트레킹, 올레길과 둘레길 걷기에 오토캠핑까지, 사람들은 여러 가지 형태의 여행을 원했다. 나는 한 가지 사실을 깨달았다. 내가 갔던 곳은 그랜드캐니언이나 백두산 천지처럼 사람을 압도하는 자연이 아니다. 눈이 번쩍 열릴 만큼 화려한 경관이나 역사유적을 자랑하는 유명 여행지도 아니다. 그런데도 지난 7년간의 여행이 사람들이 바라는 여행의 특성을 모두 품고 있다는 사실이다.

내가 떠났던 산 속 깊은 오지마을 여행은 삼림욕은 기본인 걷기여행이다. 허가를 받은 장소에 간다면 오토캠핑이기도 했다. 게다가 간이역이나 소읍에 가면 기찻길과 바닷가, 옛 골목과 사찰을 만날 수 있어 온 가족을 위한 체험여행이 된다. 인적이 드문 곳에서는 나 혼자만의 계곡을 즐길 수 있었고, 심지어 텅 빈 마을의 주인이 되어보는 경험도 했다. 한여름 오래된 흙집에서 풍겨나오는 시원한 냄새, 구들장에 놓을 돌을 얻으려 커다란 바윗돌을 깨는 희망의 소리, 뜨거운 햇볕을 피하게 해준 나무에 대한 감사, 새소리와 물소리에 씻겨 사라진 머릿속 잡념들, 나무 그늘 밑 평상에서 낮잠을 즐기는 할아버지의 평화…. 이 모든 것들이 나의 오감을 통해 다가왔다.

그곳에서 만난 사람들 또한 잊을 수 없다. 깊어가는 밤 따뜻한 온돌방에 앉아 아리랑 한 소절을 멋지게 불러주셨던 할아버지, 갓 딴 산딸기를 안겨주던 분교 아이들, 불쑥 들어갔던 집마다 커피를 내주시던 마을 어르신들, 호수 마을 이장님의 작은 배 등이 떠오른다. 자연의 품에 안겨 살아가는 이들은 삶의 진정성을 내게 가르쳐주었다. 때로는 도시 생활보다 더 치열한 것이 깊은 산 속의 삶임을 보여주었다.

혼자 가슴에 품고 말하지 않았던 이 여행의 빛나는 절정은 거기에 있었다. 그것은 바로 '삶의 기적, 행복, 사랑, 희망, 조화'의 감동이었다. 이 모든 단어들의 의미를 나는 그곳에서 경험했다. 바람과 숲의 향기와 나무와 함께한 순간은 마음의 평안을 되찾는 치유의 시간이기도 했다. 지금은 쇠락한 작은 간이역에서 만나는 골목길, 바닷가, 마을과 절터에서는 위로와 여유를 얻었다.

나는 이 책에 실려 있는 사진들을 촬영하면서 얻은 특별한 경험도 독자들과 나누고 싶었다. 이 사진들은 나와 대화를 나누고, 모든 것을 잠시 내려놓는 시간의 결과였다. 사진을 찍는다는 것이 내게는 좋은 명상법이자 마음공부라는 작은 깨달음도 얻었다. 내가 표현하고자 하는 대상에 집중할수록 아무 생각도 나지 않았다. 그 대상이 깨끗한 자연이었으니 내 마음도 그들을 촬영하는 동안 맑아지는 게 당연한 것인지 모르겠다. 그 순간에는 촬영 대상과 대화를 나누는 것 외에는 아무것도 귀와 눈에 들어오지 않는다. 이렇게 촬영한 사진에 얽힌 사연과 그에 관한 촬영법을 이 책에 소개했다. 더 많은 사람들과 공유하고 싶어 지면 관계로 못다 한 이야기는 블로그에서 여유 있게 나누고자 한다.(블로그 주소 blog.naver.com/lin2015)

누구나 좋은 여행을 할 수 있다. 멀리 가거나 비싼 돈을 들일 필요는 없다. 타인을 향해, 세상을 향해 열린 마음을 가지고 있다면 누구나 자신만의 여행을 할 수 있다. 분명한 것은 오랜 시간 들여다볼수록 풍경도, 정물도, 사람도 우리에게 마음을 열어준다는 것이다. 여행을 통해 마음의 위안을 받고 삶에 쉼표를 찍고 싶은 사람에게 이 책이 도움이 되기를 바란다.

2011년 6월 **남윤중**

Contents

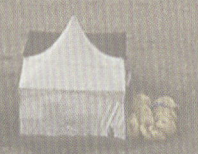

Part 1

자연이 맺어준

인연에

미소 짓다

텅 빈 마을에서 주인 노릇하기
비수구미 마을

주인집 세 가구는 손님만 두고 약속이라도 한 듯 외출을 했다.
파라호의 비수구미 마을에서 나는 뜻하지 않게
잠깐 주인 노릇을 했다. 파라호 물안개와 강아지랑 남아서
마을을 꿋꿋하게 지켰다.

비수구미마을은 화천에 있는 거대한 호수 파라호의 품에 안겨 있다. 마을로 들어가는 길은 두 가지. 주민들만 아는 산길을 통하거나 소형 모터보트를 타는 방법이다. 며칠 전 큰 눈이 온 뒤라 산길은 포기하고 배 타는 쪽을 골랐다. 올라타자마자 경쾌한 엔진 소리를 내며 배가 질주한다. 찬 공기가 내 얼굴로만 스쳐 지나가나 하는 착각이 들고 머릿속이 하얘진다. 얼어붙은 입은 두고, 흐르는 눈물부터 남몰래 챙기려는데 경쾌한 목소리가 들렸다. "다 왔습니다!" 이 배를 운전한 장만동 씨다.

만동 씨는 도시 생활을 하다가 고향 비수구미마을로 돌아왔다. 부모님을 도우며 민박과 특산물 인터넷 판매를 하고 있다. 따스한 햇볕이 내리쬐는 마을이 아늑해서 몸과 마음이 조금씩 풀렸다. 만동 씨 집에 들어서자 만동 씨가 꼭 빼어 닮은 어머님이 계셨다. 비수구미마을 이야기와 젊은 시절 열심히 사셨던 부모님 이야기에 빠져들었다. 화장대에 놓인 소중한 가족사진들을 찬찬히 보고 있으려니 만동 씨 어머니가 일어나 부엌으로 가셨다.

뚝딱뚝딱 뭔가 하시나 싶더니 순식간에 밥상이 들어왔다. 직접 담근 된장으로 만든 찌개, 봄철 깊은 산속에서 채취한 산나물, 사각사각 얼음이 낀 김치까지 차려진 밥상. 모든 게 정성과 시간을 들여야 맛이 나는 음식들이다. 이 음식만 먹고 지내면 성인병도 없고 기름진 뱃살을 보며 가슴을 쓸어내리지 않아도 될 것 같다. 말로는 사양하면서도 보글보글 끓고 있는 된장찌개에 절로 숟가락이 갔

📷 *역광을 이용해 음식 효과 살리기*

강한 인상을 주었던 대상을 사진으로 남기는 것은 즐거운 순간이다. 그중 음식은 빼놓을 수 없는 추억거리다. 오랜 시간이 흐른 뒤에 보는 음식 사진은 그때의 맛도 같이 떠오르게 하는 힘이 있다. 이 사진에서도 내가 맛본 맛있는 된장찌개의 느낌을 살리려고 했다. 그래서 활용한 것이 역광. 역광을 이용해 김이 모락모락 피어오르는 모습에 힘을 실었다. 추운 겨울날 대접받은 된장찌개의 따뜻한 느낌을 전달하고 싶었다.

다. 한 숟갈 입에 떠 넣은 순간, 나는 방문한 댁에서 지키던 금기를 깼다. 밥 두 그릇을 먹고 말았던 것. 찌개 맛이 어머님의 마음만큼이나 구수하고 정다웠다. 배부르게 밥을 먹고 마을 이장님 댁으로 부랴부랴 갔다. 이장님은 특별한 방법으로 업무를 보신다. 마을 주민들이 파라호 주변에 살고 있으니 자동차 같은 육지 교통수단을 이용할 수 없다. 그래서 택한 교통수단이 모터보트. 우체국 업무도 맡아서 우편물을 각 집에 배달한다. 마침 우편물을 배달하러 간다는 이장님을 따라나섰다. 댐으로 생긴 거대한 호수 파라호를 가르며 운전하는 이장님과 우편물을 받고 좋아하는 주민을 떠올렸다. 영화 장면 같았다.

마을로 들어가는 배

파라호의 겨울바람을 뚫고 우편물을 실은 배가 달린다.

하지만 현실은 상상만큼 낭만적이지 않았다. 도착한 집에 사람이 없어서 택배 물건만 놓고 오거나, 우편물을 받은 주민과 짤막한 안부 인사 한 마디 나누는 게 전부였다. 거대한 파라호를 가로지르는 배에 오르니 칼바람이 온몸을 두들겼다. 서둘러 이동하지 않으면 행정업무나 우편물 배달이 어렵다며 묵묵한 눈빛으로 앞만 보시는 이장님과 칼바람을 맞으며 다시 마을로 돌아왔다.

배에서 내려 도시에서 하던 버릇대로 휴대전화를 꺼냈다. 화면 안테나에 X자가 그어져 있었다. 순간 답답한 마음이 들어서 초조해하며 전화가 터지는 곳을 물어 마을 끝에 있는 언덕까지 올랐다. 안테나가 한두 칸 뜨자 안심하고 내려왔다. 그렇게 중요한 일도 없었는데. 전화기 전원도 다시 껐다.

그러는 사이 해가 저물어 하룻밤을 만동 씨와 같이 잤다. 자고 일어난 새벽, 파라호를 보러 급히 나갔다. 간밤에 만동 씨가 그토록 자랑하던 물안개가 피어 있었다. 시기가 절정은 아니라 물안개가 짙지는 않았다. 마을 풍경에 맞게 소박한 물안개가 흘러, 흘러갔다. 물위를 지나는 작은 구름떼처럼 보였다. 이 구름떼를 어찌 담을까 이리저리 노려보고 있을 때였다. 뒤에서 만동 씨 가족이 지프에 올라타면서 손을 흔든다. "우린 지금 놀러가요. 부엌에 밥이랑 반찬 있으니 꼭 먹고 가요." 체인 감긴 지프가 눈 쌓인 언덕길을 힘차게 올라갔다. 그러고 보니 지금 마을에 사람은 나뿐이다. 이장님도 아침에 나가신다고 했으니, 참.

나는 천천히 걸어 마을을 돌아다녔다. 굴삭기 유리창에 피어난 눈꽃도 손으로 지워보고, 만동 씨 어머님의 보물인 거대한 장항아리들도 쓰다듬었다. 주인 떠난 집에 있는 손님을 애써 외면하는 강아지도 애타게 부르고, 지붕 밑 눈 녹아서 떨어지는 물방울을 손에 튕겨보았다. 쥐약 찾아서 쥐덫 옆에 놓고 사진도 찍어 보고. 비수구미마을 언덕에 올라 주인이라도 된 양 콧노래 부르며 마을 전경을 내려다보았다. 그날 오후 나는 전날 약속대로 찾아오신 이장님 배를 타고 주인 노릇을 하던 비수구미마을을 빠져나왔다.

찾아가는 길　**주소** 강원도 화천군 화천읍 동촌리
중앙고속도로 춘천IC 인제/양구 방면으로 우측 고속도로 출구 → 양구/오음/소양강댐 방면 우회전(46번 국도) → 간척사거리에서 화천/오음 방면 좌회전(간척월명로) → 오음사거리에서 화천 방면으로 좌회전(파로호로) → 간동 보건지소 지나 세 갈래 길에서 화천 방면으로 우회전(파로호로) → 구만교 건너 우회전(평화로) → 양구/평화의 댐 방면 우회전 → 비수구미 방면으로 우회전(비수구미길) → 동촌2리 방면 우측 방향(비수구미길)

365일 계곡을 넘나들며 삶을 일구다
적암 · 연가리마을

가을 계곡의 차가운 물에 정신이 번쩍 났다.
이곳에 365일 저 계곡물을 넘나들며 밭을 가는 부부가 있다.
여름이면 허리까지 올라온 물길을 헤치고, 가을이면
고추 가마니를 머리에 이고 오늘도 이들은 같은 길을 걷는다.

어떤 계절을 편애하지는 않지만 분명 여행하기에 좋은 계절은 있다. 봄 가을에 사람들이 왜 산과 들로 달려나가는지는 다녀본 사람만 안다. 여행에서 계절의 변화를 목격하는 일은 축복이다. 여행 복이 많은 것에 감사하며 차에 오른다.

단풍이 절정으로 치닫는 인제를 지나 더 깊은 진동계곡 옆, 적암·연가리마을로 최고의 가을을 보러 길을 나섰다. 인제에 들어선 순간 무겁게 내려앉았던 안개가 걷히면서 아름다운 색으로 갈아입은 산이 드러났다. 가을걷이가 끝난 밭에는 이 세상 어느 것보다 알찬 수확의 결실이 군데군데 수북하게 쌓여 있었다.

그러던 중에 적암마을에 도착했다. 길이 놓이기 전까지는 오랜 시간이 걸려야 올 수 있는 오지였다. 마을 입구에서 두리번거리다 보니 저 멀리 산 아래 밭에서 일하는 부부가 보였다. 냉큼 밭으로 가려고 길을 찾는데, 길이 없다! 밭 앞을 흐르는 폭이 넓은 계곡을 건너야 했다. 어쩔 수 없이 신과 양말을 벗고 바지를 무릎 위로 걷어붙였다. 차가운 물속으로 발을 디밀자마자 찬 기운이 발끝에서 머리끝까지 순식간에 전해져 정신이 번쩍 들었다.

그렇게 건너 도착한 넓은 고추밭에서는 노부부가 마지막 수확을 하느라 분주했다. 밭 주변에는 집이 보이질 않았다. 집이 어디신가 물었더니 방금 건너온 계곡 저편에 있는 집을 가리켰다. "이런 가을에는 물이 줄어 건널 만해요. 그런데 저 계곡 물이 불면 허리 위까지 올라가요." 그래도 부부는 매일 물길을 건너 밭일을 온다고 한다.

아저씨는 올해 고추 값이 좋지 않아서 고생에 비해 결과가 좋지 않다며 말끝을 흐렸다. 그렇지만 수확한 커다란 고추 가마니를 다시 힘차게 어깨에 둘러메고는 앞장을 섰다. 그 뒤로 아주머니가 물길을 건너 언덕을 올라간다. 무거운 짐

📷 *강렬한 태양으로 나무에 강한 여운 주기*
마을 안에 있던 한 그루 나무를 촬영한 사진이다. 태양과 마주 선 상태여서 그림자가 앞쪽으로 생겼는데, 밝은 부분을 더욱 도드라지게 해서 나무가 풍성하게 보이도록 했다. 나무에 생기를 불어넣어 주려고 나뭇잎 사이로 들어오는 해의 모습을 그대로 화면에 받아들여 촬영했다. 반짝이는 해를 넣는다면 좀 더 강한 여운을 주는 나무 사진을 찍을 수 있다. 해가 화면 안에 들어올 때는 촬영자의 눈을 보호하기 위해 해를 정면으로 보지 않도록 꼭 주의하자.

위 적암마을에서 연가리마을 가는 길 **아래** 손님들과 놀아준다는 민박집 강아지

저물녘의 진동계곡

을 나눠 들고 걸어가는 부부를 보고 있자니 저렇게 서로 의지하며 같은 방향을 향해 간다면 어려움도 옆으로 물러날 것만 같았다.

다시 물을 건너 이번에는 연가리마을로 간다. 둥근 맨홀을 이어붙여 만든 다리를 건너 들어선 마을에서 몇 채 되지 않는 집이 있다는 깊은 계곡 길로 들어갔다. 그런데 길에 발을 내딛자 발바닥 아래로 쿠션에 올라선 듯 기분 좋은 느낌이 전해진다. 오랜 세월 쌓인 낙엽과 섞인 흙을 밟는 걸음이 편안했다. 정확하게 표현하자면 그 순간, 온몸이 호사를 누리고 있었다. 발바닥은 물론이고 눈은 숲길 옆 단풍의 아름다운 물결에, 코는 산에서 흘러내리는 맑고 시원한 공기에 젖어들었으니 말이다. 자연이 주는 선물 덕에 고민거리나 좋지 않은 생각조차 머릿속에서 말끔히 사라졌다.

좋은 기분으로 이곳에서 오랫동안 자리를 지켰다는 민박집에 다다랐다. 민박집 주인은 인터넷 공간에서 '야생화'라는 닉네임을 쓴다고 한다. "젊었을 때 건강 문제로 왔는데 벌써 시간이 많이 흘렀네요." 마을과의 인연을 짧게 알려 주시고, 피로회복에 좋다며 인진쑥차를 듬뿍 따라주신다. 불쑥 찾아온 이에게 기꺼이 차를 건네는 배려와 등 뒤로 내리쬐는 햇빛에 긴장했던 몸이 서서히 풀렸다. 입에 머금은 차향에 마음의 긴장도 서서히 풀린다.

그러다가 앞마당에 축 늘어져 있는 개들을 발견하고 깜짝 놀랐다. 야생화님이 미소를 지으며 자초지종을 설명해주신다. "조금 전에 민박 손님들이 다녀갔어요. 녀석들이 손님이랑 어찌나 열심히 놀아줬는지 손님들 가신 뒤에 이렇게 지쳐서 쉬고 있어요." 참 기특한 놈들이다. 혼자 민박을 꾸려가는 주인을 도와 손님들에게 서비스를 할 줄 아는 녀석들이라니. 한 놈 한 놈 머리와 배를 쓱쓱 문질러주고 싶었지만 쉬고 있다니 꾹 참았다. 주인이 간식을 들고 부르자 언제 무슨 일 있었냐는 표정으로 쏜살같이 모인다. 저마다 표현하는 다양한 몸짓을 보자니 그동안 서로 간에 쌓인 속 깊은 정이 느껴졌다. 이들을 흐뭇하게 보다가 마을 주민이 살고 있다는 더 깊은 산속을 향해 가을의 여정을 이어갔다.

찾아가는 길 주소 강원도 인제군 기린면 진동리
서울춘천고속도로 동홍천IC에서 인제/동홍천 방면으로 나와 동홍천 톨게이트 → 홍천/속초/인제 방면으로 좌측 → 동홍천IC교차로 속초/인제/신남 방면 우측 방향 44번 국도 → 철정교차로에서 상남/내촌/국군철정병원 방면으로 우회전(아홉사리로) → 진방삼거리에서 방동리 방면으로 우회전(조침령로) → 조롱고개, 사동, 방동1리 지나 방동보건진료소 → 진동1교 → 진동2교 → 진동3교 → 두무동 두무동교

한국에서 만난 라다크의 평화

아침가리마을

인적이 드문 아침가리마을에서는 '시선의 집중도'가 높아진다.
햇빛의 변화에 따라 주변 풍경이 순식간에 다른 분위기로 바뀐다.
짧은 시간 머물다 가는 산중 햇빛이 주는 선물이다.

아침에 잠깐 해가 들었다가 눈 깜빡할 사이에 해가 산 뒤로 사라지는 마을. '해가 든 아침에만 밭을 갈 수 있다'고 해서 이름도 아침가리(갈이)마을이다. '가리' 또는 '거리'라는 것이 사람이 살만한 계곡 근처를 뜻한다는데, 산중의 깊은 곳에 자리한 '사람 살만한 곳'이란, 먼 옛날에는 무언가로부터의 피난처였다는 뜻이기도 하다.

여행 준비를 하다 말고 떠오른 엉뚱한 생각. 이런 마을에서의 하루는 어떨까. 빈 종이에 계획표를 썼다. 먼저 아침에 일찍 일어난다. 그리고 그날 해야 할 일을 부지런히 한다. 서둘러 점심을 먹고 벌여놓았던 일들을 정리한다. 전기가 없는 마을이니 일찌감치 잠자리에 든다. 어이없이 간단한 일과표다. 이 마을에서는 누구나 이런 스케줄로 살아가고 있는 걸까. 24시간 환하게 밝혀져 정신없이 돌아가는 도시 생활. 그 속에서 살다 보면 이런 마을에서 생활할 계획을 아무리 구상해보아도 처음엔 뾰족한 수가 떠오르질 않는다. 이 시간으로 하루를 살아가며 일을 하는 게 도무지 가능할까 싶다. 참으로 빈약해진 도시인의 상상력이다.

아침가리마을은 강원도 인제군 기린면의 깊은 산속에 있다. 근처까지 가서 미리 연락드렸던 이장님의 사륜구동 차량을 탔다. 오프로드의 정수를 만끽하면서 고요한 숲속으로 빨려들듯 얼마를 갔을까. 드디어 산을 넘어 들어간 곳에 분지가 펼쳐졌다. 밖에서는 예상하지도 못할 만큼 넓은 분지였다. 그 땅에서 고추, 메밀 등이 재배되고 있었다.

아침가리의 밭은 이름과 달리 짧은 아침에 다 갈지 못할 정도로 넓다. 처음에는 기름진 땅인가 했다. 하지만 밭 주변에 군데군데 쌓인 돌무덤을 보고야 깨달았다. 이 험한 돌밭을 일궈 작물을 심으려고 얼마나 많은 시간을 들여서 돌을 골

📷 작은 피사체를 돋보이게 하기

다 익은 메밀밭에 서 있는 강아지를 촬영한 사진이다. 메밀밭을 보고 있는데, 지나가던 강아지가 메밀밭 사이로 보였다. 200mm렌즈를 써서 넓은 메밀밭 풍경을 아래에 넣고, 배경은 많이 나오지 않게 했다. 그 결과 털이 하얀 강아지가 넓은 메밀밭에서 더 강조돼 보였다.

짧은 해가 떨어지기 전에 오늘 몫의 일을 마쳐야 하는 가을.
콩을 수확하는 농부의 급한 발걸음이 사라진 뒤의 밭.
여름내 푸르렀던 콩밭도 이제야 올해의 할 일을 마쳤다.
멀찍이 서 있는 나무들이 수고했다며 콩밭을 다독거린다.

라냈을지. 그뿐 아니라 일조시간이 짧아서 정말 부지런하게 손을 놀려야 하루에 해야 할 일을 다 할 수 있겠다 싶었다. 그리고 돌아보니 밭 주면에 높고 두텁게 쌓인 돌무더기의 크기가 눈에 꽉 찬다.

돌무덤을 뒤로 하고 아침가리에서 만난 길은 평지와 자그마한 숲이 어우러져 평화롭다. 그만큼 걷는 즐거움도 크다. 이 길을 따라 자리한 계곡에도 아름다운 바위와 물이 어울려 있다. 귓가를 스치는 바람, 머리를 시원하게 씻겨주는 물소리, 코끝에 감겨드는 흙냄새와 나무 냄새. 감사하다.

오지에 가면 습관처럼 드는 바람이 또 마음 한 자리에 자라난다. '이 아름다운 오지의 자연만은 사람들에게 들키지 않았으면…' 그래서일까. 이따금씩 지나가는 등산객과 지프차 소리가 신경을 건드렸다. 마을을 방문하고 얼마 지나지 않아 이 깊은 산중마저 예능 프로그램에 소개되는 걸 보고 허탈한 웃음을 짓고 말았다. '나만 보고 싶다' 또는 '내가 지켜주고 싶다'는 오지 방문객의 마음도 자연의 입장에서는 '당신이나 흔적 없이 떠나주세요'일 것인데.

숲길을 걷다 보니 오지마을의 유일한 학교 건물이 나온다. 새로 건물을 수리한

아침가리의 고추밭

터라 나무들과 어우러진 모습이 무척 단아했다. 지금은 지인들이 머물다 가는 숙소 역할을 한다는 학교로 들어갔다. 숙소로 쓰이는 방에는 지금 머물고 있는 누군가의 흔적이 군데군데 남아 있었다. 아이들의 웃음소리와 책 읽는 소리로 떠들썩했을 교실 자리는 이제 얌전한 외동아이의 공부방 같은 느낌이다. 교실 벽을 뚫어 새롭게 만든 창문도 근사했다.

사실 그 방에서 가장 먼저 눈에 들어온 것은 방바닥에 펼쳐진 책이었다. 누군가 가 읽다가 펼쳐놓은 채 두고 나간 책. 까치발을 하고 제목을 힐긋 본다. 『오래된 미래』. 헬레나 노르베리 호지가 인도 북부의 오지마을 라다크에 가서 썼다는 그 책이다.

조금 전 방을 빠져나갔을 누군가를 상상해본다. 책에서 소개한 라다크도 좋겠 지만, 지금은 이곳 아침가리마을이 가장 좋은 곳이 아닌가. 한국의 라다크에 와 서 라다크의 책을 읽고 있다니. 아마도 재밌게 읽던 책을 내려놓고 마지막 햇살 을 즐기러 밖으로 나가 마을 어딘가를 걷고 있겠지.

인적이 없는 아침가리에서는 풍경이나 사물들에 대한 '시선의 집중도'가 높아진 다. 시간은 이른데 해는 벌써 산 뒤로 넘어간다. 하지만 지구 자전이 고맙게 느 껴지는 순간이 찾아왔다. 순식간에 또 다른 풍경이 눈앞에 펼쳐진다. 해가 짧 은 시간 머물다 가는 만큼 이 마을에 햇빛이 남기는 변화의 농도가 훨씬 깊고 짙 다. 햇빛은 구석구석 산의 나무와 밭 그리고 지붕을 비춘다. 눈이 빨려들 정도 로 부드럽고 맑은 빛을 마지막 힘을 다해 쏘아내고 있었다. 마음속에서 이런 소 리가 들려왔다. '지금이다. 지금이 가장 좋다.' 가슴이 두근거렸다.

찾아가는 길 **주소** 강원도 인제군 기린면 방동리
서울춘천고속도로 동홍천IC에서 나와 인제 동홍천 방면 출구 → 동홍천톨게이트 동홍천IC교차로에서 속초/인제/신남 방면 우측 방향 44번 국도 → 철정교차로에서 상남/내촌/국군철정병원 방면으로 우회전(아홉사리로) → 진방삼거리에서 방동리 방면으로 우회전(조침령로) → 방동약수/방태산 휴양림 방향으로 우회전(방동약수로)

한 밤에 달이 세 번 뜨는 김봉두 선생의 마을
연포마을

낮잠에 빠진 할아버지를 깨운 건 나무 열매 떨어지는 소리였다.
셔터를 누르지 못한 터라 눈을 뜬 할아버지께
"다시 잠들어 주세요" 하고 부탁을 드렸다.
할아버지는 '이상한 놈이다' 하지 않고 눈을 스르르 감으셨다.

좋은 도로를 벗어나서 산길로 접어들 무렵이면 항상 이런 의문이 든다. 내가 찾아가는 마을이 과연 그곳에 있을까. 내 차에는 그 흔하다는 내비게이션이 없다. 언제나 출발 전에 인터넷 지도를 보며 길을 익히고, 포스트잇에 나만의 길잡이인 '종이 내비게이션'을 붙이고 운전한다. 이런 식이다. 'ㅇㅇ사거리 우회전 ─ ㅁㅁ 다리를 지나자마자 좌회전.'

희한한 건, 오지마을이 마음속에서 생각한 길보다 대체로 더 먼 곳에 있다는 것. 도착한 듯하여 멈추면 그곳이 아니고, 멈추면 아직 더 가야 하기를 반복한 끝에야 목표한 마을에 다다른다. '도착'에 방점을 찍은 성급한 마음 때문이지 싶다. 산길을 달리고 산을 몇 개나 넘어 들어간 연포마을도 마찬가지였다. "여기 연포마을이지요?" 하고 물으니 소사마을이란다. 다리를 건너야 연포마을이라고.

이곳은 전체 동강 물줄기에서 중간쯤에 자리한다. 연포마을과 소사마을은 강을 사이에 두고 있는데, 예전부터 의좋게 지내던 마을이다. 지금에야 튼튼한 다리가 놓여 있어 하나의 마을처럼 느껴진다. 예전에는 '섶다리'를 놓아 두 마을을 이었다고 한다. 각 마을에서 선발된 정예 일꾼들이 소사마을 쪽과 연포마을 쪽에서 각각 나무를 준비했다. 양쪽에서 동시에 다리를 만들어 오다가 강 가운데쯤에서 만나면 그제야 하나의 다리가 완성되었다. 비가 많이 내려 섶다리가 떠내려가면 배를 이용해서 왕래했다고 한다.

적절한 연출은 좋은 사진을 만든다

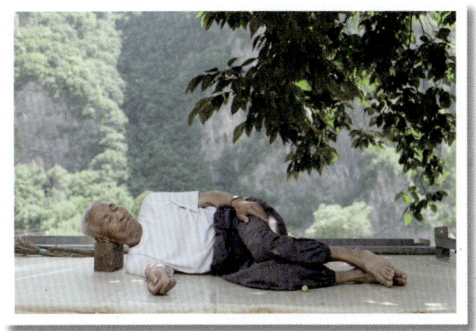

풍경 속에 있는 사람의 모습이 그 상황을 더 잘 표현하는 경우가 있다. 이 사진을 찍었을 때 할아버지는 다리 곁으로 나무 열매 떨어지는 소리에 잠을 깨셨다. 눈을 뜨자마자 눈앞에 카메라를 들고 있는 나를 보셨는데도 놀라지 않으셨다. 내 인사를 받아주시는 여유까지 보이셨다. 내가 '다시 잠들어 주세요'라고 말씀드리자 그대로 누우셔서 잠 깨기 전 포즈를 취하셨다.

연포마을에서 눈에 도드라지는 곳이 연포분교다. 이 예쁜 학교는 영화 〈선생 김봉두〉의 배경이 되었던 장소다. 생각보다 운동장이 넓다. 영화 속에서 본 곳이라 친근하게 다가왔다. 지금은 폐교가 되었고, 외부인이 들어가지 못하게 잠금장치를 해 놓았지만 호기심에 몰래 교실까지 들어갔다. 아이들이 왁스칠을 열심히 했을 나무 복도를 디딜 때마다 내 발소리에 내가 깜짝깜짝 놀랐다. 교실 안에 들어가 운동장 쪽으로 난 넓은 창가에 섰다. 운동장에서 뛰어 노는 분교 학생들을 흐뭇하게 보는 선생님이 된 기분이다. 왠지 마음 한쪽이 따뜻해졌다. 따스한 마음을 품고 분교를 나와 마을로 들어갔다.

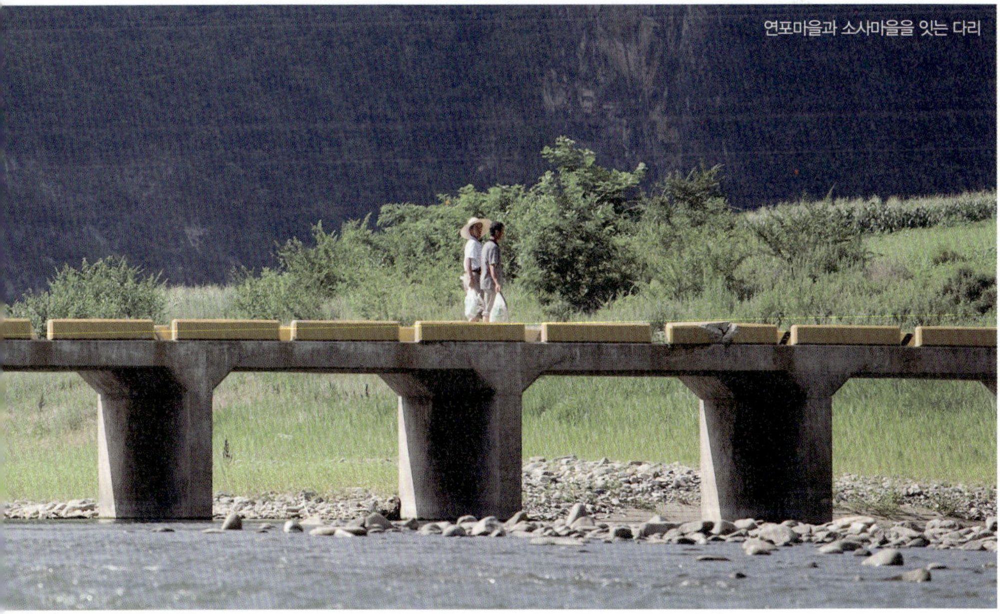

연포마을과 소사마을을 잇는 다리

한낮의 햇볕을 받은 연포마을

마을 앞에는 커다란 병풍처럼 산들이 연이어 서 있다. 이 마을 산봉우리가 얼마
나 큰지 동네 어르신들이 밤에 뜬 달이 그 봉우리에 가리면서 세 번을 뜬다고 할
정도다. 그리고 흔들림 없을 봉우리와는 달리 여유로운 강물이 그 아래서 조용
하게 흐르고 있다. 강 곳곳에는 철판을 붙여서 만든 오래된 배들이 보였다. 지
금도 사용되는 것으로 보였는데, 다리가 없을 때부터 사용된 배라서 짐도 나를
수 있도록 바닥이 널찍하게 만들어져 있었다. 배 옆에 앉아서 흐르는 강물에 손
을 대었더니 여름 한낮이라 내 몸 온도보다 조금 낮게 느껴졌다. 한여름의 미지
근한 강물이 손가락 사이로 흘러가는 느낌이 나쁘지 않았다.

강을 뒤로 하고 제법 넓은 밭 옆의 집들을 오갔다. 너무도 조용한 마을이어서
내 발소리 외에는 들리는 소리가 없어 조심스러웠다. 오래전에 만들어진, 참으
로 단단해 보이는 담뱃잎 창고를 구경하고 나서려는 때였다. 나무 그늘이 진 평
상에 누워 달게 낮잠을 주무시는 할아버지 옆을 지나게 되었다. 평상 앞에 서니
바람이 잘 드는 곳이라 몸이 시원해졌다. 같이 오랜 시간을 보냈을 것 같은 목
침을 베고 있는 할아버지 모습이 잠든 아이처럼 편안해 보였다.

높은 봉우리에 둘러싸인 연포마을 전경

한여름 1시에서 3시 사이, 태양빛은 온 대지를 엄청난 빛과 열로 달구어 놓는
다. 이 시간엔 밭과 논에 사람의 손이 가지 않는다. 오로지 태양과 식물 사이에
엄청난 교감이 이루어지는 은밀한 순간이다. 사람들은 그 시간에 가만히 쉬는
것으로 자연의 교감에 동참한다. 나도 무거운 배낭을 땅에 내려놓고, 평상에 잠
든 할아버지 옆에 슬그머니 누워서 은밀한 시간을 보내고 싶어졌다. 그냥 앉아
만 있어도 좋을 것 같다는 생각을 하며 한여름 오후의 시간으로 빠져들었다.

막 깨어난 옆집 아이 울음소리에 평상에서 일어나 마을 다리를 건너가는데, 그
전에 들리지 않던 물소리, 강에서 그물을 던지며 물고기를 잡는 사람들과 자동
차, 매미가 내는 소리들이 등 뒤에서 들려왔다.

찾아가는 길 **주소** 강원도 정선군 신동읍 덕천리
중앙고속도로 제천IC 제천/영월/충주 방면으로 우측 고속도로 출구 → 제천IC 영월/제천 방면으로 좌측
방향 → 중앙고속도로 제천톨게이트 → 단양/영월 방면 우측 방향(북부로) → 영월 방면 지하차도 → 동막
교차로 영월/쌍용 방면으로 우측 방향 → 예미교차로 유문동 방면으로 좌회전 → 고성리 쌀골, 물골 → 원
덕천/연포 방면으로 좌측 도로(연포길)

느긋하게 그러나 쉬지 않는 삶의 바퀴

설보름마을

포도, 호두, 벼, 감, 곶감….
영동 설보름 사람들은 1년 내내 부지런히 바쁘게 일을 한다.
정말 다리 뻗고 쉴 수 있는 시절은
설보름 때나 되어야 오지 않을까 싶다.

논에서 첫 수확한 벼 나르기

인도네시아 남쪽 350킬로미터 지점에는 '크리스마스 섬'이 있다. 1년 내내 크리스마스처럼 행복할 것 같은 이 섬은 크리스마스 전날 발견되었다는 이유로 이런 이름이 붙었단다. 우리나라에는 여름에 가도, 봄에 가도 언제나 '설보름'인 마을이 있다.

이 마을에도 이름의 유래가 있다. 겨울 어느 날, 설을 보내러 고향으로 가던 사람이 날이 저물어 하루 묵었다 가려고 이 마을에 들어왔다. 마음씨 착한 마을 주민 덕분에 방을 구한 나그네는 추위에 지친 몸을 쉬며 밤을 보냈다. 다음날 아침, 사방이 흰 눈으로 뒤덮여 있었다. 게다가 눈이 계속 내려 도저히 마을을 나설 수 없어 눈이 그치기만 기다렸다. 날짜는 번개같이 지나가 설날까지 낯선 마을에 갇힌 채 보내야 했다. 나그네의 마음이 조급해졌다. 하지만 계속 내리는 눈을 헤치고 나갈 수 없는 탓에 마음을 누를 수밖에. 결국 나그네는 정월 대보름이 되고서야 눈이 그쳐 마을을 나설 수 있었다.

설보름마을은 영동군에 속해 있는데, 우두령 아래 해발 500~600미터의 분지에 있다. 마을을 지나 우두령을 넘으면 경상도 김천으로 가게 된다. 볕 좋은 가을날에 방문한 설보름마을에서 나를 가장 먼저 반긴 것은 버스가 차를 돌려 나갈 수 있을 정도로 넓은 정류장과 200살을 넘긴 커다란 느티나무. 오랜 세월 살아온 이 나무는 마을에 도착한 여행객에게 시원한 그늘을 만들어주었다.

고추밭에서 일하시던 할아버지께서 이 나무 자랑을 하시다가 한 가지 덧붙여서 들려주신 이야기가 있다. 원래 이 느티나무 옆에는 오래된 전나무가 같이 있었다. 어느 날 멀쩡히 있던 전나무가 갑자기 쓰러져 수명을 다했다. 놀라운 사실은 높이 50미터가 넘는 나무가 쓰러지면서도 주변에 있던 어느 집에도 해를 끼치지 않았다는 것. 이 나무를 귀하게 여긴 마을에서는 쓰러진 나무를 다듬어 면 소재지 입구를 지키는 장승으로 만들어 마을의 자랑거리로 삼았다고 한다. 살아서도 죽어서도 마을을 지키는 전나무인 셈이다.

그런데 재미있는 사실을 들었다. 전나무 이야기를 들려주신 할아버지의 소가 '영화배우 소'였다. 영화 〈집으로〉에서 7살 소년 상우(유승호 분)를 괴롭혔던 미친 소가 바로 할아버지네 소란다. 영화 촬영지가 바로 옆 마을이었던 까닭에 할아버지네 소가 출연할 기회가 닿았다고 한다.

땀이 식자 마을 구경을 나섰다. 이끼 낀 오랜 담벼락 뒤로 오래된 집들이 많이 있었다. 하지만 사람 인기척보다는 집에 남겨진 닭과 강아지들이 내는 소리, 고추 말리는 기계 소리만 들려왔다. 마을 어른들은 대부분 가을걷이를 하려고 들과 숲으로 총출동하셨다니 내가 마을 주인이라도 된 듯이 길을 천천히 걸으며 동네를 돌아다녔다.

후드득후드득. 나무 위에서 뭔가가 바닥으로 떨어지는 소리가 나서 뛰어갔다. 이장님댁 뒤에서 연신 호두나무를 흔들어 떨어지는 호두 소리였다. 나무에 올라선 분들의 손놀림이 빨라지면서 떨어지는 소리는 더 경쾌하게 들려왔다. 그

📷 클로즈업의 효과

논에서 일하시는 할아버지를 촬영했다. 노랗게 익은 벼 사이에서 일하시는 모습을 좀 더 잘 전하고 싶어서 벼 사이로 허리를 숙인 모습을 클로즈업했다. 피사체의 다양한 움직임을 살려 촬영하면, 사진의 느낌도 대상의 움직임에 따라 조금씩 다르게 전달된다는 점에 유의하자.

잘 마른 빨간 고추가 쌓이는 가을

러고 보니 이 마을에는 다른 나무보다 호두나무가 많아서 아저씨, 할아버지, 할머니 누구랄 것 없이 긴 장대를 손에 들고 나뭇가지를 흔들어 호두를 수확했다. 일하시던 한 할머니께서 "이 마을에서는 포도 수확이 끝나면 호두 수확을 하고, 호두 수확이 끝나면 벼 수확을 하고, 벼 수확이 끝나면 감을 거둬 곶감 작업을 한다. 정말 일이 끊임없이 이어진다"고 하셨다. 이름만 '설보름'이라 느긋하지 사실 그 외의 계절은 바쁘디 바쁜 마을이다.

높은 곳에 올라 마을을 내려다보니 다랑이 논에 벌써 노랗게 익은 벼들이 햇빛에 빛나고 있었다. 여기저기 펼쳐진 노란 덩어리를 멍하니 보고 있는데, 갑자기 노란 덩어리에서 조그마한 노란 뭉치가 떨어져 나갔다. 신기해서 다가갔더니 첫 벼를 수확하고 계신 할아버지가 보였다. 베어낸 벼를 둘러메고 논 밖으로 나가시는 모습이 멀리서는 노란 덩어리의 한 조각이 떨어져 나가는 것처럼 보였던 것.

논 가장자리 벼를 베던 할아버지가 예전에 일하면서 불렀다는 노동요 '모내'를 들려주셨다. 고된 노동을 하면서 사람들과 주거니 받거니 하며 힘든 몸과 마음을 달래주던 노래였는데, 이제는 함께 부를 사람도 남아 있지 않아 안타깝다 하신다. 그래도 이 일이 가장 좋다는 할아버지와 할머니. 벼 사이로 허리를 구부리고 계신 할아버지의 등이 눈에 들어왔다. 여름 내내 잘 자라줘서 고맙다고 벼들과 대화라도 나누시나. 얼마나 오랜 세월 오늘처럼 이야기를 나누셨을까. 할아버지의 굽고 마른 등은 마을의 장승이 되었다는 전나무를 떠올리게 했다. 자식들을 위해 모든 것을 내주었을 뒷모습이 애처롭다. 멀리 버스가 정류장에 서 있는 할머니를 태우러 기분 좋게 달려가고 있었다.

찾아가는 길　주소 충북 영동군 상촌면 흥덕리

경부고속도로 황간IC 황간 방면 우측 고속도로 출구 → 황간톨게이트 → 황간삼거리에서 김천/황간 방면 우측 방향(4번 국도) → 지하차도(영동황간로) → 황간우체국 지나 소계삼거리에서 상촌 방면으로 우회전 (소계로) → 소계삼거리에서 무주/용화/상촌 방면 좌회전(민주지산로) → 상촌삼거리에서 구성/지례 방면 좌회전(상촌로) → 궁촌1리, 송정교 지나고 흥덕 남일수련관 지나 두 번째 갈림길에서 우회전

사람들의 마음이 모여 만든 작은 강마을

방우리

사람의 믿음은 물이 흐르는 방향도 돌릴 수 있다.
전쟁에서 살아남은 사람들에겐 삶의 터전이 필요했다.
그들이 모여 황무지를 개간하고,
망치와 정만 들고 바위에 구멍을 뚫어 강물을 끌어들였다.

1950년대 작은방우리에서는 바위 깨는 소리가
매일매일 울렸다. 용감한 사람들은 정과 망치만 들고
물길을 바꾸는 대공사를 했다.
사람의 꿈은 그 크기를 알기 어렵다.

무주 땅을 거처 흘러온 금강 상류 물줄기가 몇 굽이 휘돌면서 방울이 달려 있는 땅 모양이 생겼다. 그래서 붙여진 이름이 방우리. 이름처럼 물이 어우러져 있는 아름다운 마을일 거라는 기대를 하고 길을 나섰다. 방우리는 행정구역상으로 금산에 속하지만, 생활권은 무주 쪽에 가깝다. 그래서인지 방우리를 안내하는 지도는 무주에서 들어가는 길을 알려 준다.

방우리는 큰방우리(원방우리)와 작은방우리(농원)로 나뉘는데, 좁은 도로를 지나 커다란 이정표 앞에 섰다. 좌측은 원방우리, 우측은 농원이라고 표시되어 있다. 먼저 작은방우리(농원)를 찾아가기로 하고 커다란 선바위 옆 산길로 들어섰다. 산이 그리 높지 않았는데도 좁게 들어선 길이 상당히 가파르게 이어졌다. 정상을 넘어 내려가는 길옆으로 어린 벼들이 자라고 있는 농지와 조용히 흐르는 강이 보였다. 그 안쪽으로 작은방우리가 있다.

마을에 들어서기 직전에 우편배달을 끝내고 나오시는 분을 만났다. 지금은 사용하지 않는 그 옛날 우편배달 가방을 한쪽 어깨에 멘 우편배달부였다. 첫 발령지가 이곳이었는데, 그 뒤 다른 곳에서 근무하다가 일의 마무리를 시작점인 이곳에서 하고 싶어 자원하셨다고 했다. "건강을 위해서 산 위에 오토바이를 세워 두고 마을로 들어와 걸어 다녀요." 아저씨는 미소로 인사를 건네고 가방 끈을 힘주어 잡았다. 걸어가는 뒷모습이 발령을 받고 첫 임무를 완수하고서 뿌듯한 마음으로 가는 청년 우편집배원으로 보인다.

농원이라 불리는 작은방우리는 1950년대 난민 정착촌이었다. 큰방우리에서 살던 사람들이 돌투성이의 황무지를 개간해서 만들었단다. 이 마을 건설에 앞장섰던 설병관 선생의 아드님이 마을 지도를 꺼내 보이며 그때 일을 설명해주셨다. 당시 마을 사람들은 마을 농지에 물을 대려고 산에 굴까지 뚫었다. 큰방우

📷 피사체의 위치가 분위기를 만든다.

조용히 강물을 거슬러 올라가는 배를 촬영한 사진이다. 화면에서 배의 위치를 어디에 넣는가에 따라 여러 가지 느낌의 사진이 완성될 수 있다. 이 사진에서는 깊은 절벽을 감고 조용히 흐르는 강 이미지를 주고 싶어서 강과 배가 절벽 아래로 놓이도록 구도를 잡았다.

밭에서 마늘을 수확하는 노부부, 고추밭에 비료를 주는 사람,
지게에 풀을 가득 싣고 가시는 할머니….
내 발소리만 들릴 정도로 고요한 마을 곳곳에서
주어진 일들을 묵묵히 하고 사시는 마을 분들을 만났다.

리 쪽으로 흐르는 강물을 끌어들여 농사를 짓기 위해서였다. 온 마을 사람들이 망치와 정으로 바위를 깨는 소리가 매일매일 천지에 가득했다고 한다. 사람의 힘, 믿음의 힘은 대단하다. 게다가 발전시설까지도 설치해서 뚫린 굴로 넘어오는 물로 방우리 인근 8개 마을에서 쓸 정도의 전기를 생산했다 한다. 지금은 근처에 양수 발전소가 들어서서 커다란 파이프로 굴을 덮어둔 상태다.

밖에서 굴을 보고 오는 길에는 바람에 어린 벼들이 이리저리 흔들리는 논이 있다. 논물에 산 그림자가 어른거린다. 물길이 뚫리던 그날까지 이 마을을 만들려고 애쓰셨던 큰 산 같은 분들의 모습도 그려보았다. 그분들 덕에 이 마을은 지금도 풍족하게 물을 쓰며 농사를 짓고 있다. 사람들이 마음을 모아 만들었다는 이 마을의 전경을 보고 싶어 산에 올랐다. 작지만 큰마음을 품은 마을과 강물 위에서 긴 낚싯대를 드리우고 서 있는 낚시꾼의 모습까지, 여유로운 시간이었다.

내려오는 길 주위가 개망초 하얀 꽃으로 온통 덮여 있다. 바람에 흔들리는 개망초 꽃잎이 꽃구름처럼 내 눈앞에서 둥실둥실 흔들렸다. 꽃구름 산책에서 내려와 다시 큰방우리로 향했다. 마법의 동굴을 들어갔다 온 마음으로 선바위 앞에 다시 섰다. 이번에는 발길을 큰방우리로 옮겼다. 큰방우리는 오래된 마을답게 곳곳에 오래된 흙집과 흙돌담이 보였다. 내 발소리만 들릴 정도로 고요한 마을 사이사이를 다녔다. 마을 곳곳에서 지금, 이날 이 시각에 해야 할 일들을 어김없이 하고 계시는 마을 분들을 만났다. 밭에서 마늘을 수확하는 노부부, 고추밭에 비료를 주는 분, 지게에 풀을 가득 싣고 가시는 할머니….

마을 밑으로 내려가니 병풍처럼 드리워진 산이 끝없이 이어져 있고, 그 앞에 마을만큼 조용한 강물이 흘러간다. 이 조용한 적막을 깨고 저 멀리서 작은 배가 나를 향해 오고 있었다. 뒷짐을 지고 앞을 보는 선장님의 여유로운 모습이 느리게 지나간다. 저 멀리 보이지 않을 정도로 작아진 배의 뒷모습을 하염없이 바라보았다.

찾아가는 길　　주소 충남 금산군 부리면 방우리

통영대전중부고속도로 무주IC 함양/덕유산 방면으로 우측 고속도로 출구 → 무주톨게이트 → 가림교차로에서 영동/무주 방면으로 우측 방향(19번 국도) → 당산교차로에서 무주읍/안국사/영동 방면 좌회전(한풍루로) → 당산교차로 로타리 직진(한풍루길) → GS주유소 앞 무주교 방향 좌회전(단천로) → 무주교 건너 좌회전(적천로) → 약 4km 뒤 방우리 도착

물 아래로 사라질 거리와 나눈 마지막 눈맞춤

운정리

고제마을에는 전기가 들어오질 않았다.
그래서 이곳을 찾는 사람들은 자동차 배터리를 선물로 가져온단다.
때로는 생각지도 못한 물건이 가장 반가운 선물이 되기도 한다.

옥정호는 대청호나 소양호처럼 거대하지는 않지만 생김새가 협곡을 연상케 할 만큼 구불구불해 다양한 풍경이 아름답다. 이곳은 1965년 섬진강에 다목적댐을 세우면서 만들어진 인공호수다. 물이 차오르면서 뭍이 잠겼고, 그곳에 '뭍섬'들이 생겨났다. 그중 운암면 운정리에 많은 뭍섬이 있다. 땅으로 다니는 길 대신에 물길을 건너 '뭍섬'을 찾아갔다.

전라북도 임실군의 운암면에 들어서니 나지막한 집과 가게 들이 웅크리고 있었다. 기와지붕을 얹은 작은 버스터미널과 양복점, 간판을 떼어놓은 다방도 보였다. 단순히 조용하기만 한 것이 아니라 뭔가 정리되고 있는 느낌이 들었다. 약방에 계시던 할머니께 물어보니 앞으로 이곳도 댐 영향으로 물에 잠기게 될 거라 하셨다. 그러고는 문을 살며시 닫고 들어가셨다. 수해로 물 담는 일은 겪어 보았지만 살던 곳이 영원히 물속에 잠기는 건 완전히 다른 사건이다. 내 집이, 고향이 물 아래로 사라진다는 건 받아들이기 어려운 현실이다. 약방 앞에 서서 언젠가 다시 오면 사라져 있을지도 모를 거리를 눈에 담고 길을 재촉했다.

옥정호 옆 순환도로를 타고 육지 속 섬 외앗날을 보러 국사봉 전망대로 향했다. 때마침 사라지는 안개와 함께 외앗날이 눈앞에 드러났다. 높은 산꼭대기여서 수몰되지 않고 물 위로 솟아올랐다는 육지의 섬. 가지런한 밭과 옹기종기 모여 있는 나무숲이 몇몇 집들과 어울려 아름답게 보였다.

운정리 수암마을은 물길로 간다. 이장님의 도움으로 배를 타고 들어갔다. 시원한 바람이 머리를 쓸고 간다. 가면서 보니 배가 주요한 이동수단이라 군데군데 정박해 있는 게 보였다. 도착한 마을에는 40여 년 전에 이주해 온 이 마을 유일한 주민인 할아버지(엄승호), 할머니(이길남)가 계셨다. "물이 차서 그렇지 제법 높은 산 위에 있는 집이야." 할아버지는 그 옛날 손수 지었던 흙집에 앉아 먼 곳

📷 사진 앵글을 다양하게 시도하자
배를 많이 이용하는 동네인지라 마을 이곳저곳에서 쉽게 배를 만날 수 있었다. 그중 물에 올라와 있는 배를 촬영한 사진이다. 배는 땅 위에 있었지만 물에 있는 모습처럼 보이게 하고 싶어 앵글을 낮춰서 촬영했다. 피사체를 두고 평소와 다른 앵글을 찾는 노력은 언제나 중요하다. 평소와 달리 익숙하지 않은 시선으로 세상을 보는 눈이 요구된다.

위 운정리의 밭 **아래** 호수 속의 섬 외앗날

전기가 들어오지 않는 고제마을.
마을을 떠날 때 할아버지는 굳이 배를 타는 곳에 나와서
보이지 않을 때까지 손을 흔들어 주셨다.
나도 팔이 아픈 줄도 모르고 손을 마주 흔들었다.

을 보며 담배 연기를 깊게 내뿜었다. 많은 이야기를 나누지 않았는데도 그 시간이 와 닿았다.

다시 배를 타고 바로 옆 고제마을로 갔다. 이 마을에도 한 가구만 있었다. 반갑게 맞아 주신 할아버지(송순문)를 따라 집에 들어섰다. 수암마을과 달리 고제마을에는 안타깝게도 전기가 들어오지 않는다고 한다. 전기가 없는 삶, 도시인에게는 상상도 하기 힘든 삶이다. 눈앞이 하얗다. 휴대전화기 충전, 카메라 배터리, 컴퓨터, 텔레비전, 난방, 헤어드라이기, 전기밥솥까지. 전기가 없다면 할 수 있는 게 뭔가 싶었다.

할아버지는 전기가 들어오지 않는 집에서 환경에 맞는 장비들을 구비해서 사용하셨다. 밤에는 기름을 넣은 호롱불을 주로 이용하고, 손님이 오셨을 때는 길지 않은 시간이나마 백열등을 켤 수 있는 자동차 배터리를 사용하신단다. 그러고 보니 집 안 여기저기에 자동차 배터리 여러 개가 보인다. 휴대전화기도 막 충전을 마쳤는지 배터리 옆에 놓여 있다. 외지에서 오는 사람들이 때로는 자동차 배터리를 선물로 가져온다고 한다. 가장 좋은 선물은 가장 필요한 선물인 법이다. "냉장고도 없으니 먹을 만큼만 음식을 만들어 먹지." 할머니께서 편하게, 아무렇지도 않은 듯 말씀하셨다. 그게 얼마나 불편한 건지 어렴풋이 짐작해본다. 이주해 온 이후로 이날까지 이웃 없이 살아오고 있는 할아버지의 가족. 곧 댐의 수위 조절 때문에 더 높은 곳으로 집을 옮겨야 한다는 쓸쓸한 상황을 덤덤하게도 알리신다. 아내와 장모님을 모시고 아무 탈 없이 살고 있으니 행복한 삶이 아니겠냐며 할아버지는 호롱불 뒤 그림자에 숨겨져 있던 술 한 잔을 넘기셨다. 술잔 앞에 놓인 호롱불의 따뜻한 빛을 보았다. 이 불빛이 앞으로도 할아버지 할머니께 더 따뜻하고 밝은 빛이 되었으면 하는 마음이었다. 자리에서 일어나 배에 탔다. 할아버지는 보이지 않을 만큼 멀어질 때까지 오랜 시간 동안 손을 흔들며 배웅하셨다.

찾아가는 길 **주소** 전북 임실군 운암면 운정리
호남고속도로 서전주IC 서전주/동김제, 이서 방면으로 우측 고속도로 출구 → 호남고속도로 서전주톨게이트 → 이서교차로 논산/정읍 방면 우측 방향(716 지방도) → 구이교차로 순창/모악산 방면으로 우측(21번 국도) → 로타리에서 1시 방향(21번 국도) → 원당교차로 우측 방향(27번 국도) → 새터교차로 운암/구이 방면 우측 방향(27번 국도) → 운암교삼거리 산외 방면 우회전(종운로) → 삼거리에서 옥정호 산장 방향 좌회전(운정길) → 약4.7km 뒤 갈림길에서 좌회전(운정길)

천 년의 하늘, 천 년의 탑
탑선마을

봄날 탑선마을로 가는 건 온 꽃잔치에 참석하는 손님의 마음이다.
꽃잔치가 한창인 봄 가운데서 만난 건
천 년 동안 천 번의 꽃잔치를 보아 온 삼층석탑이었다.

탑선마을에서 고약재골로 올라가는 경운기

곡성읍에서 구례로 향하는 도로는 스쳐가는 봄꽃과 유유히 흐르는 섬진강과 함께 달리는 길이라 행복하다. 아름다운 섬진강의 느린 강물과 속도를 맞춰 달리고 싶어 가속페달을 약하게 밟으며 갔다. 때마침 곡성역을 출발해 가정역으로 가는 검은색 증기기관차도 하얀 연기를 힘차게 내뿜으며 나란히 달렸다. 역으로 들어가는 기차와 눈인사를 나누었다. 그리고 섬진강도 곧 보성강과 만나 큰 물줄기를 이뤄 바다까지 기나긴 여행을 할 거란 생각에 작별인사를 보냈다.

마을로 들어섰다. 그런데 아름다운 강 풍경에 마음을 빼앗긴 뒤여서 산으로 둘러싸인 마을길이 답답하게 느껴졌다. 그런 마음을 다독이며 맑은 개울을 옆에 두고 들어가니 어느덧 집들이 옹기종기 모여 있는 마을이 나왔다. 이곳이 탑선마을이다. 탑선마을은 마을을 지나는 개울을 경계로 곡성과 구례로 행정구역이 나누어진다. 하지만 하나의 마을 이름을 사용하고 있었다.

마을의 오래된 흙집들이 시간의 흔적을 보여준다. 적은 가구가 사는 마을이라 개울물 흐르는 소리가 크게 들린다. 좁다란 마을길을 따라 올라갈수록 눈앞에는 온통 산수유 꽃잔치다. 노란색과 연녹색을 띤 산수유 꽃빛이 집과 산과 어울려 봄의 느낌을 전해주었다. 그 사이로 굽은 등에 지팡이를 딛고 가시는 빨간 옷 입은 할머니가 노란색과 어울려 정겹게 보였다.

마을 주변 밭과 논에는 불을 놓거나 밭 사이를 오가며 거름을 뿌리는 일, 괭이질을 하는 마을 사람들이 보였다. 봄은 도시인에게는 좋은 풍경으로 바뀌는 계절이지만, 이곳에서는 겨우내 쉬었던 땅을 깨우는 분주한 삶의 시간이다. 마을 한쪽에 논다랑이도 가지런히 놓여 있었는데, 더 이상 논농사를 짓지 않고 고사리나 매실, 감 같은 것들을 심어서 수확하는 자리가 되었다.

📷 라이트 페인팅 활용하기

탑선마을이 내려다보이는 언덕의 탑 앞에 서면 마을 전경이 시원하게 펼쳐진다. 마을의 상징인 중후한 탑과 탁 트인 풍경을 같이 표현하기로 했다. 다행히 하늘이 탑 뒤로 펼쳐져 있어 야경 촬영이 가장 적합해 보였다. 문제는 어두워지는 탑을 어떻게 표현하는가 하는 것. 스트로보보다는 좀 더 따뜻하고 은은한 느낌을 줄 조명이 필요했다. 준비한 손전등을 이용하기로 하고, 어두워지기를 기다렸다가 하늘이 완전히 깜깜해지기 전 셔터를 B셔터에 맞췄다. 손전등으로 그림을 그리듯이 탑에 비추는 일종의 라이트페인팅을 시도했다. 오래된 탑의 느낌과 해가 진 저녁의 파란 하늘을 동시에 표현할 수 있었다.

사람이 살고 있지 않은 집들도 있어서 기웃거렸다. 마루에 옛날 모델의 텔레비전이 있는 집에 들어섰다. 리모컨이 세상을 지배하기 전, 오로지 손으로만 채널을 조정해야 하는 시대가 있었다. 일요일 아침에 아침밥을 먹다 말고 인기 만화 〈미래소년 코난〉을 보려고 아버지가 보시는 도중 채널을 과감하게 돌린 일이 있었다. 아버지는 그때 맘대로 채널을 돌릴 수 없도록 조절기를 떼어 버리셨다. 아버지가 한없이 원망스러웠던 날, 우리 집에 있던 그 텔레비전이었다.

그때 일이 생각나서 유심히 보자니 이 집 텔레비전에도 채널 조절기가 없었다. 같은 상황이 머릿속에 떠올라 괜히 웃음이 났다. 그러다 까만 브라운관에 눈이 멈췄다. 집 앞 풍경이 고스란히 그 안에 비치고 있었다. 내 마음에서는 아직 고장 나지 않은 텔레비전이 되었다. 과거와 현재가 같이 공존하고 있는 예술품이 되었다고 결론지었다. 추억이 실린 예술품을 뒤로 하고 집을 나섰다.

해가 산 뒤로 넘어가면서 빛을 강하게 뿌리고 있었다. 매화꽃이 팝콘 터지듯 군데군데 피어 있는 한가운데에서 축대를 쌓고 밭 주변을 정리하는 할아버지를 만났다. 할아버지는 탑선마을에 왔으면 석탑을 꼭 봐야 한다며 먼저 걸음을 옮기셨다. 뒤를 쫓아가니 언덕에 울타리를 두르고 탑이 서 있었다.

천 년 전에 세워졌다는 구례 논곡리 삼층석탑(보물 제509호)이다. 마을 집들이 오래됐다고 생각했는데, 이 마을에서 가장 오래된 것은 따로 있었다. 천 년이 넘은 탑은 여전히 기단의 정성스러운 연꽃 조각을 자랑하고 있었다. 탑이 제법 높은 곳에 있어서 주변 전경이 잘 보였다. 마을 위쪽 고약재골로 올라가는 구부구불한 길도 한눈에 들어왔다. 옛날에는 절도 있었다는데 지금은 절터도 사라진 채 돌로 된 탑을 중심으로 머리 없는 돌부처와 무덤들이 에워싸고 있었다.

해는 벌써 산을 넘어가고, 마을과 탑 주변도 점점 어두워졌다. 탑 뒤로 시원하게 뚫린 하늘은 시간이 지날수록 짙은 파란색으로 변해갔다. 천 년 전 그때도 이 순간, 이 하늘, 이 탑이 그대로 있었겠구나 싶었다. 마음속에서 외침이 계속해서 들렸다. "예술이다, 천 년의 예술!"

찾아가는 길　주소 전남 구례군 구례읍 논곡리

순천완주고속도로 서남원IC 곡성/남원 방면으로 우측 고속도로 출구 → 서남원톨게이트 → 금지 방면 좌회전(용투산로) → 두곡마을, 신촌 지나 곡성 방면 우회전(물머리로) → 호산삼거리에서 곡성/대강 방면 좌회전(요천로) → 귀석사거리, 금곡교, 송정마을 → 가정마을길로 좌회전 → 섬진강 건너 소년야영장 삼거리 좌회전 길 → 갈림길에서 탑선길로 좌회전 → 탑선마을

타인의 배추밭에서 생의 뿌듯함을 만끽하다

반야마을

눈이 닿을 수 있는 곳 끝까지 배추들이 점령한 마을.
6월부터 8월 사이, 그 배추 왕국의 용맹한 장수는
무쇠 칼을 들고 있는 할머니였다.
허리 굽은 할머니가 지나가면 배추들이 우수수 쓰러졌다.

커다란 물이 휘돌아가는 깊은 계곡 옆길을 차로 아슬아슬하게 통과한다. 외길이라 행여 반대편에서 차가 오지 않길 빌며 가는데, 그마저도 험한 길이다. 도중에 좁은 공터를 만나 계곡 사진을 찍으려 차를 잠시 세웠다. 계곡을 내려다보니 몸이 움찔 한다. 시원한 바람과 커다란 물소리가 바위에 부딪히며 머리와 귀를 스친다. 오싹한 마음을 추스르고, 다시 차를 몰고 길을 따라 계속 간다. 큰내를 끼고 길게 뻗은 평야에 이르니, 이곳이 바로 아담한 반야마을이다. 태백과 봉화의 경계, 깊은 산골짜기에 자리 잡은 반야마을은 평지마을, 샘말, 샘터마을로 길게 늘어져 있다.

마을에 들어서자 내 눈길을 끈 것은 버스정류장 앞에 놓인 작은 의자다. 이곳에는 버스가 하루에 한 번밖에 들어오지 않는다. 버스로 마을을 나갈 수 있지만 그날 다시 돌아올 수는 없다. 자기 차나 다른 이웃의 차를 빌려 타거나 택시를 타야만 돌아올 수 있는 것이다. 그렇지 않고서는 다음날까지 마을로 들어오는 버스를 기다려야 한다. 저 작은 의자에 앉아 하루에 한 번뿐인 버스로 세상과 통하며 살고 있을 마을 사람들이 궁금해졌다.

정류장 옆 오래된 집이 있어서 안으로 들어섰다. 오래된 물건들이 함께 자연스럽게 어우러진 마당이다. 순간 과거로 들어선 느낌이다. 할아버지가 타시는 것으로 보이는 몇 십 년 된 자전거가 어렸을 때 동네에서 많이 봐 왔던 거라 친근했다. 하지만 요즘 어린 친구들이 본다면 수입자전거가 아닌가 하고 오히려 신기해할 것 같다. 마당 구석에는 세숫대야, 칼갈이, 분유 깡통이 옹기종기 모여 있다. 오래전부터 많이 보았던 익숙한 아기 모델 분유 깡통이 눈에 들어왔다. 오래전 모델인데도 지금 보니 이목구미가 무척이나 서구적인 미남이다.

잠깐 동안의 과거 여행을 끝내고 마을 산책을 나선다. 눈앞으로 녹색의 밭이 마

📷 광각렌즈로 주제 부각시키기
배추밭에서 배추를 수확하고 있는 모습을 촬영한 사진이다. 넓은 배추밭 풍경을 배경으로 열심히 일하시는 모습을 같이 담아내고 싶었다. 광각렌즈를 사용해서 넓은 화각과 원근감을 과장하여 앞에서 일하는 모습이 더 크게 부각되도록 하면서 뒤에서 일하는 모습도 같이 나오게 했다.

눈의 피로를 잘 풀어주는 색상은 '초록'.
초록의 파장이 눈에 자극을 가장 덜 주기 때문이다.
반야마을에 오니 눈에 보이는 것은 하늘만 빼고 모두 초록이다.
보고 있으려니 마음의 피로까지도 풀어진다.

커다란 물이 휘돌아가는 반야마을의 모습

을을 지나는 맑고 깨끗한 개울물과 어우러지며 끝도 없이 펼쳐져 있다. 이렇게 큰 배추밭은 처음 보았다. 여기도 배추, 저기도 배추. 심지어 지붕도 배추색을 닮은 집들이다. 온 마을이 배추로 뒤덮여 있다. 가만히 보니 녹색 사이사이에서 조금씩 다른 색이 눈에 띈다. 오전부터 배추 수확 작업을 하고 있는 마을 사람들이다. 그 옆에 배추로 산을 이룬 커다란 트럭이 보인다. 도대체 저 트럭은 어떻게 이 마을로 들어왔을까? 마을로 들어올 때 지나왔던 좁은 길과 두근두근했던 심정이 떠올랐다.

나도 그 짙푸른 배추밭으로 성큼성큼 들어가 마을 사람들을 만난다. 이 마을에서는 배추 수확이 6월부터 8월까지 석 달에 걸쳐 이어진다고 한다. 저 멀리 배추들이 하얀 속살을 보이며 한 줄로 길게 누워 있다. 커다란 무쇠 부엌칼을 손에 쥐고, 허리는 기역자로 구부린 채 배추밭을 뚫고 가는 할머니가 보였다. 할머니가 지나시는 곳마다 튼실한 배추들이 힘없이 벌러덩벌러덩 쓰러졌다. 무쇠 칼을 휘두르는 할머니는 전쟁터에 나간 용맹한 장수처럼 보였다. 열심히 쫓아오는 나를 보시더니 텔레비전에 나오는 거냐며 웃으신다. 할머니가 나에게 촬

수확한 배추를 가득 실은 경운기

영 허가를 내렸다는 뜻이다. 셔터를 누르는 손가락이 더 빨라졌다. 할머니 뒤로
그물망을 들고 따르며 쓰러진 배추를 담는 할머님들이 계신다.

마을 어르신께서 주시는 새참용 크림빵을 덥석 받았다. 어린 시절 많이 먹었던
그 크림빵이다. 도시에서는 이미 유행에서 한참 밀려난 크림빵. 혀끝으로 크림
을 아껴 맛보면서 해가 뉘엿뉘엿 넘어가는 배추밭을 보았다. 왜일까. 배추 수확
일도 거들지 않은 내 마음까지 뿌듯했다.

찾아가는 길　**주소** 경북 봉화군 석포면 석포리
중앙고속도로 풍기IC 북영주 방면 우측 고속도로 출구 → 중앙고속도로 풍기톨게이트 → 북영주/풍기/봉
화 방면 우측 방향(931번 지방도) → 봉현교차로 소백산국립공원/제천/봉화 방면으로 좌회전(5번 국도) →
신전교차로 비상활주로/안정 방면 우측 방향 → 신전교차로 좌회전 → 옥천삼거리에서 태백/울진/현동
방면 좌회전(소천로) → 현동삼거리에서 동해/태백 방면 좌회전(청옥로) → 육송정삼거리에서 석포 방면
우회전(청옥로) → 세 갈래 길에서 삼척 방면 좌회전(청옥로) → 불미고개 전 우측 방향 석포 중학교 쪽 →
석포2교 건너 반야길 약 3km

봄 논에서 '준비'를 배우다

동곡마을

자연이 우리의 스승인 까닭은
결과에 이르기까지의 과정을 빠짐없이 가르쳐주기 때문이다.
결과만큼 과정이 중요한 것을 잊지 말라고,
모든 일에는 준비가 필요하다고 일깨워주는 봄날의 하루였다.

4월의 산과 들은 갖가지 꽃이 피고 나뭇잎이 돋아나 아름다운 색으로 갈아입고 강렬한 생명력을 뿜낸다. 아무리 보아도 지루하지 않은 4월의 봄에 도착한 곳은 합천 동곡마을이다. 마을은 행정구역상 합천에 속하지만, 마을 옆으로 살짝만 벗어나면 바로 산청이다. 산 밑에 제법 많은 집들이 모여 사는 마을이다.

연초록빛으로 물든 마을길로 올라서서 집들 사이를 거닐었다. 오래된 마을답게 흙집과 오래전에 쌓은 돌담들이 절묘한 조화를 이룬다. 흙집과 돌담의 조화는 묘하게 아름다운 색감에서 비롯된다. 돌담의 아름다움에 빠져 나란히 걷는데, 두 할머니의 웃음소리가 돌담을 넘어온다. 무척이나 오래된 집 마루에 앉은 두 할머님이 보였다. 빨랫줄에 널어놓은 빨간색 천을 댄 솜이불이 햇빛에 보송보송하게 마르고 있었다. 겨우내 할머니를 따듯하게 해주었던 솜이불도 다음 겨울이 올 때까지 장 깊숙이 들어갈 시간이 왔다.

마루에 슬그머니 끼어들어 동서지간이라는 두 할머니로부터 이 집과 봄 이야기를 들었다. 지금보다 힘들었던 젊은 시절. 이 작은 집에서 복작대며 많은 식구들과 지내느라 어렵고 힘이 들었노라고, 그러면서 이제는 모두 지나간 일이라 다독이신다. 그런데 왜일까. 할머니들은 그 시절에 대한 그리움을 감추지 못하셨다. 힘든 시절이었지만 그립다는 것은 그 세월을 같이 의지하며 보냈던, 이제는 먼저 떠난 사람들에 대한 그리움이 아닌가 싶어 마음이 뭉클했다. 마음으로 응원을 보내며 집을 나서는데 대문가에 할미꽃이 옹기종기 피어 있었다. 한데 모여 핀 할미꽃들이 방금 헤어진 할머니들처럼 방실방실 웃으며 바람에 하늘거렸다.

마을을 넘어 위쪽으로 올라서니 넓은 밭이 펼쳐졌다. 그 안에 색이 붉은 땅을 뒤엎고 있는 트랙터와 밭에서 키우는 고사리를 뜯는 아주머니의 모습이 보였

📷 순간 포착은 고속 셔터스피드로!

땅의 생명력을 높이는 농부의 모습을 신화적인 느낌으로 표현하고 싶었다. 논에 배를 깔고 엎드려서 거름 뿌리는 모습을 놓치지 않고 쫓았다. 순차적으로 떨어지는 모습을 담으려고 셔터스피드를 빠르게 설정해서 흐르듯이 땅에 떨어지는 거름을 순간적으로 포착했다. 지대가 높아 논 뒤로는 아무것도 화면 안으로 들어오지 않았기 때문에 일하시는 모습을 실루엣으로 담을 수 있었다.

위 논에 핀 자운영 **아래** 모내기를 하려고 준비가 한창인 봄의 논

귀밑머리 푼 새댁 시절에 만난 두 며느리가 수십 년을 함께 보냈다.
그 사이 쌓인 사연은 뒷산 키를 훌쩍 넘을 만큼 높다.
이제 두 분은 웃는 모습, 웃음소리까지도 닮아 있다.
대문가 할미꽃도 이들 따라 방싯 웃는다.

다. 고사리 씨앗을 밭에 뿌려서 키워 수확 중이었다. 고사리들이 "여기요! 여기요!" 하며 너도나도 손을 들고 있었다. 밭 한쪽에 피어 있는 자운영 두 포기가 봄 햇살을 한껏 맞으며 빛나는 게 보였다. 4월과 5월 논가에 꽃을 피우는 자운영은 논에 소중한 거름이 되는 식물이다.

밭 사이를 지나 더 앞으로 나가니 제법 지대가 높은지 산 높이와 눈높이가 비슷했다. 그 밑으로 넓은 논다랑이가 보였다. 논으로 기계가 들어와 일을 할 수 있을 정도였다. 논다랑이에는 마을 사람들이 봄을 맞이한 흙이 강한 생명의 힘을 발휘하도록 돕는 작업에 열중하고 있었다. 쉬는 시간도 없이 사람들은 일을 했다. 모판을 정리하는 젊은 며느리, 논에 물을 대고 물자리를 내는 아버지와 아들. 새참거리를 들고 저 멀리 일하는 할아버지를 향해 힘차게 가는 할머니도 보인다. 거름을 잔뜩 싣고 들어오는 경운기에 망태에 담은 거름을 땅에 골고루 뿌리는 할아버지까지. 모두의 시간이 땅에 생명력을 불어넣는 데 사용되고 있었다. 열심히 일하는 사람들을 꼼짝 않고 한참을 바라보았다.

어느새 하루가 마무리되고, 집으로 돌아가야 할 시간이 왔다. 사람들은 하던 일을 정리하고 작업 도구들을 챙겼다. 합천으로, 산청으로 집을 찾아 돌아가는 사람들. 부지런하게 하루를 보낸 사람들은 서로에게 격려를 보냈다. 뭔가를 위해 열심히 준비한다는 건 생각만으로도 가슴 벅찬 일이다.

나도 자리를 털고 일어나면서 겨우내 미뤄두었던 일들을 떠올렸다. 이 봄은 무엇을 시작하기 좋은 때다. 어떤 준비를 해야 하나 이것저것 꼼꼼하게 꼽아보았다. 오늘 하루종일 한해 농사를 준비하시는 모습이 내게 큰 자극이 되었다. 힘찬 발걸음으로 정신없이 내려가다가 타고 온 차를 합천에 두었던 게 떠올라 발걸음 방향을 얼른 바꿨다. 그리고 혼자서 중얼거렸다. "올 한 해가 기대된다."

찾아가는 길　　주소 경남 합천군 가회면 중촌리

통영대전중부고속도로 산청IC → 산청톨게이트 → 산청IC 산청 방면 좌회전(친환경로) → 진주/함양 방면 좌회전(친환경로) → 진주/신등 방면 우측 → 진주 방면으로 좌측(3번 국도) → 정곡삼거리에서 합천/신등/묵곡 방면 우측(60번 지방도) → 정곡삼거리 합천/신등 방면 좌회전(산청대로 1589번길) → 삼거리에서 대의/원지 방면 우회전(신차로) → 손항 방면 좌회전(황매산로) → 1.7km 부근 네거리에서 우회전(황매산로 178번길) → 연동길, 먹음교 지나 세 갈림길에서 좌측(동곡길) → 동곡교 지나 약 1.8km

Part 2

복잡한 일상을
내려놓고
잠시 **휴식**

옥빛 계곡물에 눈이 먼저 물들다
덕산기마을

지친 몸보다 마음이 더 시원해지고 맑아졌으면 싶은 날이면
덕산기 계곡의 물빛이 참으로 그립다.
마을까지 카펫처럼 이어진 신비한 옥색 물빛.
어디서 이보다 더 감동적인 환영인사를 받았던가.

여행을 하다 보면 땡볕 아래 걷기도 하고, 시원한 에어컨 바람을 쐬며 목적지까지 가기도 한다. 어느 때는 바짓부리를 다 적시며 물길을 걸을 때도 있다. 물에 발을 적셨던 게 좋은 건지 사륜구동차를 타고 간 게 좋은 건지는 나중에나 알 수 있는 게 여행이다. 그런데 덕산기마을로 가는 길을 보자면 뭐가 좋고 뭐가 나쁜지 구분하는 것도 어리석다 싶다.

덕산기마을로 갈 때는 어떤 상황이라 해도 운이 무조건 좋은 거라고 자신할 수 있다. 그만큼 아름답다. 강원도 정선에 자리한 덕산기마을로 가려면 계곡 물길을 길로 삼아야 한다. 계곡에는 잔돌들이 깔려 있다. 물이 적을 때는 잔돌을 밟고 가고, 물이 많은 계절에는 물속을 헤치고 걷는다.

그렇게 덕산기마을의 계곡물은 입구부터 이방인의 마음을 두근거리게 한다. 계곡과 물이 깊어질수록 방문객은 옥빛 계곡물에 반한다. 옛날이야기에나 나올 법한 신비로운 옥빛 물색이 마을까지 계곡을 따라 펼쳐진다. 그 끝에는 신선이 앉아 바둑이라도 두고 있을 법하다.

마을로 들어가는 계곡의 중간쯤에서 '홍반장'을 만났다. 계곡물에서 길을 헤매고 있던 터라 구세주라도 만난 듯이 정신없이 집까지 따라 들어갔다. 홍반장 집은 깊은 산골의 조그마한 민박집이다. 덕산기마을은 계곡을 따라 길게 늘어서

옥빛 계곡물에 발을 담근 홍반장

📷 트리밍보다 프레이밍에 더 신경 쓰자

7부 '몸빼바지'를 촬영한 사진이다. 바지를 입으면서 받았던 느낌을 표현하고자 바지의 특징만을 화면에 담았다. 느낌을 전달하려 할 때 모든 것을 다 담아 표현할 필요는 없다. 모든 것을 화면에 넣으려 하면 전달하려던 의도가 더 약해질 수 있다. 중요하게 표현하고자 하는 부분만 카메라 화면 안에 넣는 것이 때론 더 좋은 효과를 발휘할 수 있음을 기억하자.

있는 생김새다. 마을 맨 끝에 민박과 래프팅 사업을 하는 홍반장 집이 있다. 옛 집을 수리한 살림집에 여행객을 위한 객실을 마련했다. 집 주변에 꾸며진 꽃들과 작은 소품들이 아기자기하다.

그런데 홍반장 집에 들어가면 유니폼처럼 입어야 하는 옷이 있다. 바로 7부 '몸빼바지'다. 패션감각이 뛰어난 것도, 그렇다고 옷을 가리는 편도 아니지만 입기가 꺼려졌다. 낯선 이의 집에 처음 방문하자마자 몸빼바지라니. 망설이는 나를 본 홍반장이 바지 한 장을 들고 후딱 방에 들어갔다 나왔다. 본인부터 몸빼바지

덕산기 계곡 입구의 모습

로 변신! 나는 주인장의 강력한 권유를 받아들일 수밖에 없었다. 그런데 참 희한했다. 옷을 입자마자 낯선 곳에서 잔뜩 움츠러들었던 몸과 마음이 편안해졌다. 바지 하나 바꿔 입었을 뿐인데!

몸뻬바지가 만든 마음의 변화는 곧바로 내 눈앞에 새로운 풍경을 선물했다. 집을 둘러싼 꽃과 나비들, 새침때기 고양이와 마을 주변의 풍경이 차례로 눈에 들어왔다. 상대를 배려하는 홍반장의 마음 씀씀이 덕분에 몸과 마음이 편안해졌다. 〈어디선가 누군가에 무슨 일이 생기면 틀림없이 나타난다 홍반장〉이라는 영화 속 홍반장을 덕산기마을에서 만난 것 같았다.

홍반장은 신나는 에너지를 전해주었다. 집 앞으로 흐르는 개천을 소개할 때는 '나만의 풀장'이라면서 물에 풍덩 뛰어들었다. 수영까지 해 보이는 그의 마음이 옥색 물빛처럼 투명하게 보였다. 또 까맣게 탄 두 팔을 힘차게 휘두르며 집을 둘러싼 홍반장표 자연산 정원을 자랑하면서 말했다. "저한테 덕산기마을은 감사할 일밖에 없는 곳이에요."

그 감사의 에너지가 나에게도 흡수되었나 보다. 급한 걸음으로 마을에 들어왔을 때는 보이지 않았던 풍경이 이 집을 나서면서부터 눈에 들어왔다. 마을까지 흘러들어오는 계곡을 눈으로 되짚자니 거대한 비단을 깔아놓은 듯 아름답다. 흐르는 옥빛을 담아 때로는 경쾌하게, 때로는 힘차게 흐르는 물빛. 맑고 아름다운 빛에 떠밀려 느릿느릿 계곡에서 내려왔다. 홍반장도 이 물빛이 좋아서 덕산기마을에 정착했다고 했다. 사랑에 빠진 젊은이처럼 상기되었던 그 얼굴. 덕산기마을에 들어가기 전 만났던 이장님의 말씀이 뒤늦게 와 닿았다. "이 계곡은 꼭 자연 그대로 훼손되지 않게 지키고 싶습니다."

여행을 떠나면 계곡 물길을 길로 삼고 걸어야 할 때가 있다. 가다가 신발을 벗고 맨발로 갈 수도, 무릎 위까지 걷은 바지를 적실 때도 있다. 하지만 덕산기마을 앞을 가로지르는 계곡의 옥색 물빛이 대가라면 그 정도의 번거로움은 언제라도 감수할 수 있다. 이런 마음이 있어야 진정한 경치를 만날 수 있다.

찾아가는 길　**주소** 강원도 정선군 화암면 북동리
정선읍 → 고한/사북 방향(59번 국도) → 덕우삼거리에서 직진(424번 국도) → 좌회전(오산교, 북동로) → 북동마을 지나고 북동리 사무소를 지나면 계곡 입구가 나온다. 계곡부터는 걸어서.

정든 집을 데리고 이사하다
물로리

동네 분위기는 그 동네에 사는 동물들이 먼저 알려준다.
물로리 개들도 그랬다. 목줄이 죄는 것도 아랑곳없이
펄쩍펄쩍 뛰는 녀석, 그늘에 앉아 느긋하게 벙싯거리는 녀석까지
모두들 낯선 손님을 반겨주었다.

1970년대 초반 소양호가 생기면서 한 마을이 절반도 넘게 물속에 잠겼다. 지금은 양짓말, 절골, 중병골이 있는 한천마을이 물로2리, 삽다리골이 있는 물로1리다. 이 마을에는 버스가 들어오지 않는 대신에 하루 두 번 마을 선착장으로 배가 들어온다.

소양호 근처에 위치한 마을이라고 해서 찾아가는 길을 조금 만만하게 보았었다. 홍천에서 조금만 들어가면 나오겠지 하고 산길을 대담하게 내달렸는데, 막상 가니 큰 고개를 두 개나 넘고서야 마을로 들어갈 수 있었다. 마지막 고갯마루에 닿았을 때 저 멀리 빨간 지붕을 얹은 집이 눈에 들어왔다. 골말골이라 불리는 곳이 내려다보였는데 이 골을 지나면 물로리다. '이제야 다 왔구나' 하는 안도의 한숨을 쉬고 단번에 고개를 내려갔다.

마을 앞에는 아기자기한 장승들이 마을 간판과 함께 서 있었다. 물로리(勿老里). 한자 뜻으로 보면 늙지 않는 마을이다. 예전부터 주변 경관이 뛰어나서 이 아름다운 풍경을 보노라면 아무리 세월이 흘러도 늙지 않는다 하여 이름 지어졌다고 한다. 얼마나 풍경이 좋으면 흐르는 세월을 이길 정도라는 걸까.

마을로 들어서려는데 대바구니를 등에 지고 걸어가시는 할머니들을 만났다. 등에 진 대바구니에는 오전 내내 수확하신 돌나물이 한가득이다. 초고추장에 버무려서 한 입 먹으면 좋을, 대바구니 속 나물에 눈을 떼지 못한 채 그 뒤를 따라 마을로 들어섰다.

마을 뒤로는 제법 높이를 자랑하는 가리산이 병풍처럼 서 있다. 그 아래 작고 아담한 마을이 자리 잡고 있었다. 맑은 계곡물이 그 사이를 흐르니 풍경이 곧 그림이다. 마을은 모내기를 앞둔 터라 큰일을 치르기 직전의 모습이었다. 논둑에 제초작업, 물꼬 점검이 한창이다. 모내기를 위해 많은 분들이 힘을 모아 준

📷 역광을 이용한 식물 촬영

할아버지가 산에 기르시는 장뇌삼 밭을 촬영한 사진이다. 큰 나무들 밑에서 나는 장뇌삼이 이곳저곳에서 자라고 있었다. 울창한 숲에서 왕성하게 자라는 장뇌삼 모습을 화면에 담고 싶었다. 잎 아래로 납작하게 엎드려서 위를 올려다보는 앵글로 카메라 위치를 잡았다. 그래서 빛이 투과되어 싱싱해 보이는 장뇌삼과 그 뒤를 둘러싸고 있는 나무들 모습도 같이 담아냈다.

위 편리한 고추 모종기로 작업 중인 어르신들 **아래** 삽다리골 집 마당에 핀 금낭화

물로리 선착장에서 출발하는 배

비 중이었는데, 깔끔하고 정리된 마을답게 모두들 부지런히 움직이고 계셨다. 그 바쁜 중에도 불쑥 찾아온 방문객에게 인자한 인사도 건네시고, 식사는 했는지 챙겨주신다. 동네 입구에 법당을 짓고 춘천에서 오가신다는 보살님이 손을 잡아끌었다. "오늘 아침에 희한하게도 평소보다 밥을 많이 싸오게 되어 어쩐 일인가 하고 있었는데, 이렇게 손님이 오려고 했나 보다." 보살님이 작은 상에 밥과 싸온 반찬을 선뜻 내주셔서 같이 둘러앉아 맛있는 도시락을 먹었다. 따뜻한 환대에다가 기분 좋은 햇살까지 받으니 등 언저리가 따뜻해졌다.

마을에 사는 동물들도 주인들의 마음을 닮았다. 그늘에 앉아 미소 짓는 얼굴로 쳐다보는 개도 있고, 연신 즐거운 표정을 하고 활짝 핀 꽃들 사이로 낯선 여행객 얼굴 한번 보겠다고 목에 맨 줄이 당겨도 펄쩍펄쩍 뛰어대는 분주한 녀석도 있다. 개 짖는 소리마저도 사납게 들리질 않으니 신기했다.

논 사이에 맑고 시원한 물이 거침없이 흐르는데, 그 사이로 뭔가가 움직이고 있었다. 자세히 들여다보니 검은색 점박이 몸을 한 무당개구리들의 놀이터였다. 흐르는 물에 떠다니기도 하고, 물가에 여럿이 모여 햇볕을 쬐고 있는 모양이 오랜만에 보는 풍경이다. 어릴 때의 기분을 내고 싶어 옆에 있던 나뭇가지 하나 주워들고 개구리들을 이리 몰고 저리 몰며 어린애처럼 쫓아다녔다. 이 개구리는 물이 맑아야 살 수 있다고 하는데, 마을의 자연이 얼마나 깨끗한지 보여주는 환경 신호등인 셈이다.

다시 마을을 나와 더 깊은 곳에 있는 삽다리골로 향했다. 소양호를 끼고 한참을 숲길을 따라 들어갔다. 이곳에서 이 마을을 만드신 할아버지를 만났다. 삽다리골에는 본래 사람이 살지 않았지만, 물에 잠긴 마을 주민들이 터를 닦고 살게 되었다 한다. 할아버지는 집마저도 함께 데리고 이사를 하셨다. 예전에 살던 집 그대로를 이 산 위까지 옮겨오셨단다.

살던 집을 두고 올 수 없어 혼자서 집을 해체하고, 지게에 실어 이곳까지 혼자 힘으로 옮겼다. 집터는 물속에 잠겼지만, 젊은 시절 할아버지의 의지 덕분에 집은 지금 그대로 남아 있다. 그런 할아버지를 보니 달팽이와 집게처럼 집을 등에 지고 다니는 생물들이 떠올랐다. 집이 없으면 적의 공격으로부터 생명을 위협받는 힘없는 생명들이다. 할아버지에게도 집은 달팽이와 집게의 그런 것이었으리라.

굵은 손마디로 집 기둥을 어루만지며 한마디 툭 건네셨다. "다음에 오면 꼭 따뜻한 밥 먹고 가." 집도 두고 오지 못하는 양반인데 하물며 사람 아끼는 마음이야 오죽하랴. 그 마음이 마치 오후 내내 맑고 시원한 계곡에서 물놀이하다 햇볕으로 따뜻하게 달궈진 바위에 드러누울 때 등 뒤로 전해 오는 따뜻한 느낌처럼 전해졌다.

그 사이 선착장에는 오늘의 마지막 배가 마을로 들어오는 주민들을 내려놓고는 힘찬 모터 소리를 내며 출발하고 있었다.

찾아가는 길　주소 강원도 춘천시 북산면 물로리

서울춘천고속도로 동홍천톨게이트 → 홍천/속초/인제 방면으로 좌측 방향 → 동홍천IC 교차로에서 속초/인제/신남 방면 우측 방향(44번 국도) → 원동교차로에서 소양호(원동리) 내촌/괘석리/자은3리 방면으로 우측 방향(원동조교로) → 자은삼거리에서 원동리 방면으로 좌회전(원동조교로) → 원동교차로에서 우회전(원동조교로) → 조교리 조교보건진료소 지나 갈림길에서 좌회전(물로길) → 햇살가득물로리체험장에서 약 300m → 물로리마을 입구

나무가 사랑하고, 나무를 사랑하는 마을
부연동마을

부연동마을은 청정 오지로 손꼽히는 곳이다.
맑은 계곡물도 아름답지만,
내 마음은 마을을 지키고 선 나이 많은 소나무에게 이끌렸다.
거대한 소나무가 몸으로 보여주는 세상살이에 반해버렸다.

강원도에서도 오대산, 그 오대산에서도 두로봉 발원지에 자리한 마을 부연동. 이 마을로 들어가자면 운전대를 잡은 마음이 긴장해야 한다. 좁다란 길을 한참 오르기 시작하는가 싶으면 이내 끝도 없이 구불구불 굽이진 내리막길이 이어진다. 눈이라도 쌓였다면 내려갈 엄두도 내지 못할 만큼 가파른 경사다.

드디어 오지마을에 들어간다는 설렘은커녕 신경을 바짝 곤두세우고서 도착한 마을 입구. 도로에 세워진 팻말에 작게 써내려간 글귀가 눈에 들어온다. '작은 동물이 지나가고 있으니 서행합시다!' 무슨 소린가 싶어 차를 세우고 찬찬히 다시 읽어 보았다. 마을과 어울려 사는 근처 동물들에 대한 마을 사람들의 배려다. 험한 도로를 운전하느라 긴장으로 빡빡해진 여행객의 마음도 슬그머니 녹아내리고 비로소 여유가 찾아온다.

부연마을로 들어서면 입구에 있는 학교가 먼저 방문객을 반긴다. 깊은 산속에 있는 학교라고 믿기 어려울 정도로 널따란 운동장이 있다. 학교는 비록 오래 전에 문을 닫았다지만 지금은 공사를 해서 새 학교처럼 보인다. 마을에서 여러 용도로 사용하고 있어서인지 운동장 풀도 적당하게 자라 있어 관리가 잘되고 있다는 느낌이다. 운동장에는 예전에 학생들이 신나게 놀았을 기구들도 그대로 남아 있다. 내 눈을 끈 건 바로 운동장 끝에 있는 연못. 소년상과 소녀상이 있는데, 동상을 만든 분은 이곳이 학생 없는 빈 학교가 될 줄 상상이라도 했을까. 어쨌든 지금은 텅 빈 학교를 아이들 대신 소년 소녀 동상이 지키고 있다.

부연마을에는 아름다운 나무가 많다. 동네와 학교 주변을 나무들이 에워싸고 있다. 마을 입구에는 난생 처음 보는 거대한 소나무 한 그루가 서 있다. 처음에는 나무의 수령과 크기에 압도당했다. 하지만 이 거대하고 나이 많은 나무를 보

📷 반사된 이미지 이용하기

반사경에 비친 할머니와 나무를 촬영한 사진이다. 이 나무는 할머니 아들이 초등학생이었을 때 학교에서 나눠준 나무를 집 앞에 심어 자란 것. 이제 아들도 50을 넘긴 나이가 됐고, 나무도 집보다 훨씬 더 크게 자랐다. 할머니와 나무의 사연을 듣고 나니 할머니와 나무를 같이 담고 싶었다.

그래서 화각이 넓은 광각렌즈로 나무와 할머니를 동시에 화면에 넣었는데, 주변에 있는 사물들도 같이 나와 의도하는 부분에 시선이 집중되지 않았다. 어떡하면 집중시킬 수 있나 고민하며 나무 주위를 계속 돌다가 발견한 것이 집 앞의 반사경! 반사경에 할머니와 나무만 보여 처음 의도했던 표현이 나왔다.

부연마을의 학교는 폐교가 되었다.
아이들이 떠난 학교를 마을 주민들이 보살펴주었지만,
텅 빈 학교는 평행봉에 녹이 슬듯이 쓸쓸했다.
그런 학교를 산이 꼭 안고 달래주었다.

고 있으려니 지금까지 살아주어서 고맙다는 생각이 저절로 든다. 그 긴 세월,
나무는 마을을 내려다보며 사람들의 이야기를 듣고 살아왔다. 주민들도 나무
를 사랑한다. 어린 금강송들을 손자처럼 보살피는 할아버지도 있고, '국민학교'
에 다니던 아들이 학교에서 받아온 오동나무를 마당에 심으셨다는 할머니도 있
다. 지금 그 오동나무는 할머니 집보다 더 커져서 집을 내려다보고 있다. 그 사
이 어린 아들은 청춘을 지나 중년을 훌쩍 넘긴 어른이 되었다.
한번 가본 마을을 기억나게 하는 것은 역시 물이다. 마을 안을 부연천 맑은 물
이 흐른다. 이 물이 양양 남대천을 지나 동해까지 흘러간다. 부연마을에서 얼마
떨어지지 않은 곳에는 탄산 약수터가 있다. 맛있는 물 한 바가지는 낯선 곳에서
느끼는 모든 피로를 잠시 잊게 하는 묘한 힘을 가지고 있다. 이 약수에서 잠시
시간을 망각하게 할 정도로 싱싱한 철 냄새가 철철 났다. 물 한 바가지에서 풍
겨 나오는 독특한 물맛이 좋다.
부연마을에는 작은 폭포도 있다. 폭포까지 가는 길은 좁은 오솔길이고, 나무 밀
도가 높지 않아서 기분 좋게 산길을 걸어서 갈 수 있다는데 아쉽게도 폭포는 보

한적한 오후를 즐기는 강아지와 닭

좌 금강송 묘목밭 **우** 만개한 봉숭아 꽃밭

지 못했다. 대신 약수터 주변을 힘차게 흘러내리는 계곡물을 만났다. 그 계곡 바위에 앉아 잠시 눈을 감는다. 머릿속에 끼어 있는 때를 계곡물이 시원하게 씻어준다.

마을을 빠져나오려고 발길을 돌리는데, 강아지 한 마리가 나를 보고 몇 번 짖어댄다. 그런데 그게 무슨 하기 싫은 숙제를 해치운 초등학생 조카 같다. 몇 번 짖은 것으로 자기 할 일은 다 했다는 듯, 내가 있어도 별 반응을 보이지 않고 자기일에만 열중한다. 할머니가 주시는 맛있는 밥을 얻어먹은 값은 여행객을 보고 짖는 것으로 다했다는 투라 여간 귀엽지가 않다. 강아지도 제 밥값은 하고 산다. 그 옆으로는 닭 한 마리가 느긋하게 지나가는데, 마찬가지로 모이 찾는 일에만 열심이다. 지켜보는 내 마음까지도 여유로워졌다.

새로운 동네를 찾아가면 처음 마을로 들어설 때와 나올 때 마음이 다르다. 들어가는 길이 쉬운 길이었으면 나갈 때는 험한 길로 나오게 되고, 험악한 길로 들어가면 쉬운 길로 나오게 된다. 삶도 마찬가지 아닐까. 오르막이 있으면 내리막이 있으니 말이다. 부연동, 아름다운 나무들과 물이 인상적인 마을이었다.

찾아가는 길　**주소** 강원도 강릉시 연곡면 삼산리
영동고속도로 속사IC에서 속사/강릉 방면으로 좌회전 → 경강로를 따라 주문진/오대산 방면으로 우측 방향 → 월정삼거리에서 주문진/오대산 방면으로 좌회전하여 진고개로 진입 → 병안삼거리에서 강릉/주문진 방면으로 우측 도로 6번 국도 진입 → 진고개에서 양양/부연동 방면으로 좌회전하여 부연동길로 약 7.3km

오래 묵은 부부 사랑, 발명의 어머니가 되다
안도전마을

할아버지는 추운 겨울 마당에서 빨래하는 할머니가 안타까웠다.
평생 고생하는 아내한테 뭔가 해주고 싶었다.
그래서 부엌의 가마솥에서 마당까지 연결해 뜨거운 물이 나오는
호스를 고안했다.

정선군 임계면 도전리에는 외도전·내도전 마을이 있다. 그중 내도전이 바로 안도전마을이다. 외도전에서 맑은 하천을 따라 4킬로미터 정도를 지나면 안도 전마을 버스정류장에 도착한다. 정류장에서부터 다시 마을까지는 4킬로미터에 걸쳐 띄엄띄엄 늘어선 집들로 이뤄져 있었다. 눈 온 뒤라 집과 집 사이가 더 멀게 느껴졌다. 눈이 많이 내리는 지역인 탓에 넉가래나 설피처럼 눈 왔을 때 쓰는 장비들이 집 주변 여기저기에 보였다.

집집마다 지붕의 그늘진 자리에 눈이 두껍게 내려앉아 있었다. 양지바른 곳에는 그나마 눈이 녹아 예쁜 양철지붕이 비죽이 드러났다. 도시에서는 느낄 수 없는 설경을 실컷 보려고 분주하게 움직였다. 이 정도의 눈이 도시에서 내렸다면 차가 막히네, 출근이 늦네, 난리가 났을 테지만 여기서는 그리 대단한 일도 아니다. 겨울의 일상으로 여기는 마을 어르신께서 이렇게 한마디 하셨다. "녹을 기래요."

잠시 들렀다 가는 사람에겐 아름답지만, 머물러 사는 사람에게 지나치게 많은 눈은 그닥 반가운 일이 아니다. 저 많은 눈도 곧 녹을거라시던 변용헌 할아버지는 친구가 사는 집으로 가시는 길이었다. "눈 때문에 그 며칠 사이 서로 보지 못해 궁금하다." 할아버지는 눈길을 성큼성큼 걸어가셨다. 그러다 양지바른 길목에서 찾아가던 친구와 만나셨다. 탁왈수 할아버지다. 곧이어 또 다른 친구 홍순국 할아버지까지 같은 자리에 도착하셔서 세 분이 만나셨다. 참 희한하면서도 사람의 생각은 비슷하다 싶었다. 세 사람이 얼굴을 보려고 비슷한 시간에 몸을 움직이다가 한 장소에서 만났으니.

한 마을에 동갑내기 친구가 세 분이나 계신 것도 드문 일이다. 양지 바른 마당에서 세 분이 그 며칠 사이에 있었던 일들을 두런두런 나누는 모습에서 삼총사

안도전 마을의 집들은 10리에 걸쳐 띄엄띄엄 흩어져 있다.
눈 쌓인 길을 걸어 마을로 들어가는 나그네가 보인다.
뽀드득뽀드득 발자국이 뒤에서 따라간다.
눈 때문에 끊어졌던 길이 발자국을 따라 다시 이어진다.

의 어린 시절이 상상되었다. 이 마당에서 모여 놀았을 세 명의 장난꾸러기 삼총사. '오늘 뭐하고 놀까?' 세상을 맛보고 싶다는 얼굴로 어깨동무를 하고 있는 모습이 겹쳐 보였다. 주름진 얼굴 사이에서 간혹 어린 시절의 표정과 모습이 어렴풋하게 느껴졌다.

탁왈수 할아버지는 친구들을 집으로 데려가 눈 내린 동안 만들었다는 자리(명석)를 보여주셨다. 겨울이 길다 보니 소일로 자리(명석)를 짠다고 했다. 자리를 매는 소재는 여러 가지가 있다. "오늘 매는 자리는 부들이고, 금빛 색을 내는 아름다운 자리는 귀리로 맨 거다" 하고 자랑을 하셨다. 햇빛이 닿은 자리가 눈이 부신 금색으로 빛나고 있었다.

세 분 할아버지를 뒤로 하고 나오다가 할머니(윤연자) 한 분을 만났다. 기다란 마을 아래쪽에 있다는 마을회관까지 눈길을 헤치고 30~40분이나 걸려 다녀오신다는 할머니를 따라 집까지 들어갔다. 마침 할아버지(이종철)는 구들에 불을 지피고 계셨다. 가마솥에서 물이 증기를 피워올리면서 데워지자 이번엔 할머니가 바빠지셨다. 자세히 보니 가마솥에 파이프가 길게 밖으로 연결되어 있었다.

눈을 피한 처마 밑 장작단

파이프를 따라가니 그 끝에서 더운 물이 나오고 있었다. 할머니는 파이프 끝의 꼭지를 여닫으며 빨래를 하고 계셨다. 할아버지께서 직접 만들었다는 이 발명품은 더운 물을 이 집 생김새에 맞춰 마당에서도 쉽게 쓸 수 있게 한다.

"집사람이 물을 날라다 쓰는 것보다 호스를 이용하면 훨씬 수월하게 쓰지." 할아버지 말씀 속에서 할머니에 대한 따뜻한 마음이 느껴졌다. 서로를 향한 마음이라면 이 두 분은 어떤 추위도 이겨낼 수 있겠다 싶었다. 다시 부엌으로 돌아와 타들어가는 불꼬리를 보며 잠시 두 분이 함께 한 세월의 깊이를 짐작이라도 해보려 애썼다.

방안의 온기를 느끼고 싶어 불을 다 지피신 할아버지를 따라 방으로 들어갔다. 시골을 다니다 보면 예전에 지은 집들을 많이 보게 된다. 대부분 방과 기타 집 구조는 작고, 별도로 창고가 있다. 특히나 추운 지역에 있는 집일수록 크고 넓게 지을 필요가 없다. 열효율을 고려하면 오히려 작은 집이 좋다.

할아버지를 따라 들어선 방도 자그마했다. 꼭 필요한 물건들만 놓여 있었다. 젊은 날 이야기를 들려주시는 눈이 반짝였다. 난 이런 표정을 볼 때마다 좋은 일이든 나쁜 일이든 그 시간을 지나온 사람들에게는 하나의 추억으로 기억되지 않나 생각한다. 특히 젊은 날의 아름다운 시절에 대한 어르신들의 눈빛과 표정은 한순간 나의 마음을 뭉클하게 만든다.

방의 온기와 할아버지 이야기가 뿜는 열기가 더해지고, 방 안에서는 문밖에서 들어오는 햇빛과 문에 비친 할아버지 그림자만이 도드라졌다. 그러다 방문 창호지에 덧붙여 놓은 단풍잎과 쑥잎이 눈에 들어왔다. 창호지 사이에 식물을 넣어서 붙이니 아름다운 예술작품이 되었다. 할머니 솜씨다. 따뜻한 방에 앉아 은은하게 비치는 창호지문을 보고 있자니 금방이라도 따뜻한 봄이 방문을 열고 들어올 것 같았다.

찾아가는 길　　주소 강원도 정선군 임계면 도전리 내도전

동해고속도로 강릉IC 강릉 방면 우측 고속도로 출구 → 강릉톨게이트 → 강릉IC 대관령/성산 방면 우측 방향(35번 국도) → 성산면사무소 지나 성산삼거리 방향으로 좌회전(구산길) → 성산삼거리에서 오봉저수지 방향 우회전(오봉로) → 임계사거리에서 동해 방면으로 좌회전(서동로) → 왕산면, 목계리 지나 도전 삼거리에서 도전리 방면으로 우회전(눈꽃마을길) → 도전경로당 지나 갈림길에서 우회전(내도전길) → 약 6.7km 뒤 도착

호두 열매가 마음 두드리는 소리
높은벼루마을

경부선 상행선 방향 옥천3터널을 빠져나오자마자 오른편 멀리
보이는 산중 마을, 높은벼루마을이다.
마을 저 아래로 금강이 흐르는 풍경도 그만이지만 오밀조밀
어깨를 대고 모여 앉은 집들 덕분에 마을 분위기가 정답기도 하다.

사람은 오지도 않은 미래의 일을 미리 앞당겨 걱정한다. 여행을 앞두고도 마찬가지다. 비는 오지 않을까. 길이 좁으면 어떡하나. 마을에 사람들이 없으면 어떡하지. 개들이 사납지는 않을까. 그렇게 만들어낸 일들을 가지고 가는 내내 고민을 한다. 결국 이 모든 걱정은 가서 보면 알 일인데 말이다.

옥천의 높은벼루마을도 그랬다. 마을 이름만 듣고도 '얼마나 높을 건가?' 걱정을 앞세우며 금강 톨게이트에서 나와 금강교를 지나서 작은 버스정류장 푯말 앞에 섰다. 벼루마을이라고 뚜렷하게 쓰인 푯말의 오른편 길로 들어섰다. 걱정대로였다. 좁고 가파른 길을 하염없이 올라가야 했는데, 반대편에서 차가 내려오면 어쩌나 싶어서 가속페달을 힘주어 밟았다. 이름에 걸맞은 동네다 싶었다. '벼루'라고 해서 '문방사우(文房四友)' 중 벼루인 줄 알았다. 헌데 그게 아니라 강가나 바다에 있는 벼랑을 뜻하는 한글 단어 '벼루'였다. 그래서 '높은벼루'를 한자로 '고현(高峴)'이라 한다.

차가 올라갈수록 높게만 보였던 주변의 산들과 눈높이가 비슷해졌다. 산 위쪽으로 계단식으로 층층이 자리한 집들이 나타났다. 산 아래로는 금강이 흘렀다. 넓은 하늘과 하루종일 해가 드는 산비탈의 마을을 보자니 산과 강, 하늘과 마을이 조화로워 보기 좋았다. 곧이어 눈앞에 주차장이 들어왔다. 안심을 하는데, 차 옆으로 무언가 후두둑 떨어졌다. 하늘은 멀쩡했다. 양옆을 둘러보니 차 위로 가지를 드리운 커다란 나무에 올라가 있는 아저씨가 보였다. 들고 있던 장대로 나무를 후려치면서 흔들 때마다 열매들이 우수수 떨어졌다. 차에서 내려 다가가 보니 호두였다. 호두의 고장답게 마을 입구부터 거대한 호두나무의 요란한 환영식을 받은 셈이다.

마을에는 노는 손, 쉬는 손이 없었다.
나무에 맺힌 감을 한 개씩 정성껏 따는 손길과
토종벌을 지키려고 양벌 쫓는 바쁜 손이 분주하게 움직였다.
가을을 거두는 손들이 햇빛 아래서 아름답게 반짝였다.

높은벼루마을 특유의 좁다란 안길

호두열매를 수확할 때는 다른 열매와 달리 사람이 나무 위에 올라가서 긴 장대를 써야 한다. 호두를 직접 수확하는 장면을 보자니 나뭇가지가 흔들리는 소리, 나뭇가지 사이로 살짝살짝 드러나는 사람의 모습이 이국적으로 보였다. 등 뒤로 호두열매들이 땅을 울리며 떨어지는 소리를 들으며 마을 안으로 들어섰다.

높은벼루마을은 마을 안길의 폭이 다른 지역보다 좁다. 멀리서 보았을 때는 산과 함께 어우러져 크게 보였던 마을도 막상 안에서 보니 집들이 가깝게 모여 있어 좁게 느껴졌다. 양옆으로 이어진 좁고 비탈진 돌담길을 따라 올라가다가 마당 전체에 호두를 널어 말리는 집으로 들어갔다. 할아버지께서 긴 장대를 들고 마당 안 호두들을 이리 굴리고, 저리 굴리셨다. 호두가 햇빛을 받으며 골고루 마르도록 시간 간격을 두고 굴리는 작업이 필요하다고 한다.

집집마다 마당에 널어놓은 것은 고추나 호두. 집과 집을 오가는 좁다란 골목길에서 만나는 마을 어르신들과 인사하고 나니 어느새 동네를 다 돌았다. 집들이 워낙 가까이 붙어 있어 마을을 돌아보는 시간도 짧다. 아쉬운 마음이 들어 다시 자세히 보니 작은 언덕이 보였다.

방금 껍질이 벗겨져 윤이 나는 햇호두

마을에서 가장 높은 곳에 있는 집에 올라서니 멀리 산 사이로 금강이 보인다. 마을 풍경도 한눈에 들어왔다. 작고 귀여운 지붕들 사이로 빨간 고추들이 널려 있고, 그사이로 오가는 마을 어르신들이 보였다. 마을을 떠났다 놀러 온 옛 이웃사촌이 돌아가는 길을 배웅하러 모여 있던 마을 할머니들 목소리도 들렸다. 옹기종기 붙어 어깨를 대고 앉은 집들이 서로의 마음도 다정히 묶어놓았다.

출발하며 미리 걱정했던 일은 한 가지도 일어나지 않았다. 높은 마을까지 잘 올라왔고, 비도 오지 않았으며, 사나운 개들도 없었다. 벼루마을에서 받았던 좋은 느낌, 아름다운 풍경을 떠올리며 차를 출발시켰다. 마을길을 막 내려가는데 불현듯 생각이 들었다. 올라오는 차가 있으면 어떡하지.

찾아가는 길　**주소 충북 옥천군 청성면 고당리 높은벌**
경부고속도로 금강IC 우측 고속도로 출구 → 금강톨게이트 → 금강IC 좌회전(우산로) → 금강휴게소에서 우회전 금강 건너 좌회전 → 세 갈래 길에서 우회전 → 안남/동이/청성 방면으로 좌측 방향 → 고속도로 지나 두 갈래 길에서 우측 방향(고당로1길) → 약 860m 지나 높은벼루(높은벌) 도착

아이들이 넘치는 산골 학교
두음리 듬골

산속 마을에서 곰을 만나는 것보다 어려운 건 아이들 소리가 넘치는
학교 풍경을 보는 일이다. 그런 기쁨을 준 것으로도 충분한데,
듬골 아이들은 오디 열매와 산딸기를 직접 따서 낯선 여행자에게 선물해주었다.

푸른 숲속에 샛노란 집

들어가는 길도 하나, 나오는 길도 하나. 다른 길은 없다. 길이 넘치는 세상이라지만 듬골은 그렇다. 춘양을 거쳐 임기를 지나 낙동강 자락에 놓인 두음교를 건너면 여기서부터 11킬로미터가 넘는 듬골이 시작된다. 부채골·오동골·어스름골·중산골·마이골 등의 골짜기가 이어진다. 위에서 내려다본다면 산줄기가 사람의 갈비뼈처럼 생긴 형세다. 듬골 가는 길은 이렇게 드는 길도 나는 길도 오직 하나뿐인지라 세상에 난리가 나도 누군가 알려주지 않으면 모르고 지나갔다고 한다.

밭을 지나다가 노랗게 익은 보리가 바람에 한들한들 흔들리는 모습이 아름다워 멈췄다. 바로 옆 넓은 밭에는 검은 비닐을 깔고 있는 사람들이 보였다. 밭에 제초제를 쓰지 않는 대신 비닐을 덮어 잡초가 자라지 못하게 막는 작업이란다. 이곳은 대다수가 친환경 농업을 하고 있다고 들었는데, 마을에 들어서자마자 이렇게 볼 수 있었다. 듬골의 원주민들은 거의 외지로 나갔고, 수십 년 전부터 안식교 교인들이 이주해와 살고 있다고 한다.

다시 몇몇 골짜기를 지나가는데 아이들의 왁자지껄 웃음소리가 갑자기 퍼졌다.

소리를 좇으니 자그마한 학교 운동장에서 체육 수업을 받는 아이들이 보였다. 이 깊은 곳에 10여 명의 아이들이 다니는 학교가 있다니, 보면서도 믿기질 않았다. 수업 중이었는데도 선생님과 아이들이 반겨주어 즐겁게 인사를 나누었다. 교실로 살짝 발걸음을 옮겼다. 복도에서 넘겨다 본 교실에서는 영어 화상수업이 진행되고 있었다. 필리핀 선생님이 커다란 텔레비전 화면 안에서 인사를 하자 아이들도 신이 나서 '하이'를 외쳤다. 아이들이 좋아하는 걸 보니까 나도 저절로 웃음이 났다. 점심시간이 되었으니 밥을 먹자는 선생님의 손에 이끌려 학교 옆에 있는 집으로 아이들과 함께 갔다. 학생 숫자가 적어 학교에서 급식을 하지 않고, 학교 옆집에서 아이들과 선생님의 점심을 준비해 주신단다.

집에 도착하니 마루에 무공해 음식으로 차려진 밥상이 놓여 있었다. 아이들은 왁자지껄한 분위기에서 즐겁게 밥 한 그릇씩 뚝딱 비우고 쏜살처럼 사라졌다. 정갈한 점심을 즐겁게 마치고 대문을 나서려는데, 문 앞에 아까 간 줄 알았던 여자아이들이 흰 접시를 들고 서 있었다. 배시시 웃으며 앞으로 내민 접시를 보니 산딸기와 오디가 그득했다. 손님에게 이 열매를 대접하려고 서둘러 밥을 먹고 나간 아이들의 마음이 얼마나 기특하던지. 산딸기와 오디를 한 움큼 가득 쥐고 입안에 넣었다. 시큼한 맛, 달콤한 맛이 가득하다. 아이들과 학교로 돌아가니 여기저기에 뽕나무 열매와 산딸기가 풍성했다. 아이들은 익숙하게 열매를 따서 먹었다. 농약을 사용하는 마을에서는 볼 수 없는 일이다.

열매를 실컷 먹은 아이들은 학교에 있는 커다란 느티나무 아래 모여 즐겁게 놀았다. 나무에 올라가기도 하고 그네도 타고, 고양이를 데리고 놀기도 하고. 저마다 놀이에 푹 빠져 있었다. 그러다 목이 마르면 수돗가에서 시원하게 목을 축이고, 틈틈이 동생을 돌보기도 한다. 아이들을 지켜보는 내내 마음 한쪽에서 따

🅾 소중한 건 손안에 담아서
듬골 아이들에게 융숭한 대접으로 받았던 산딸기를 촬영한 사진이다. 아이들이 내미는 산딸기에 담긴 마음 때문에 더욱 소중한 열매로 여겨졌다. 아이들의 마음을 어떻게 사진으로 표현할 수 있을까 고심하다가, 두 손을 그러모으고 그 안에 열매를 담았다.

뜻한 기운이 피어났다. 바쁜 세상, 아이들까지 바빠져 저렇게 노는 모습을 보는 것도 참으로 오랜만의 일이다.

오후 수업을 하러 가는 아이들과 아쉽게 작별인사를 나누고, 나도 산딸기 길을 따라 걸었다. 고추나 고구마를 심느라 밭에서 만난 마을 분들은 바쁘게 일하고 계셨다. 모두들 밝게 인사를 해주시니 발걸음도 가볍다. 그러다가 '한의원' 간판을 발견하고 멈추었다. 이런 곳에 한의원이 있다니. 포장되지 않은 길을 따라가니 지게에 나무를 짊어지고 가는 한의사를 만났다.

그는 사람의 몸에는 자연적 치유 능력이 있는데 그에 맞는 좋은 환경을 찾다가 이곳으로 오게 되었다고 한다. 확고한 믿음이 눈빛만으로도 전해졌다. 이곳에 찾아올 환자들을 위해 손수 집을 짓고 있는데, 다 지으려면 아직 시간이 더 필요하다고 했다. 건물을 짓고 있는 자리를 보여주겠다고 해서 따라갔다. 작은 개울 건너 둔덕에 놓인 나무 탁자에 둘이 앉았다. 아래쪽으로 한창 짓고 있는 황토방들이 내려다보였다.

계곡을 따라 맑고 시원한 바람이 불어 등과 목덜미의 열기를 식혀주었다. 바람을 좇아 고개를 들어보니 울창한 나무들 사이로 짙푸른 녹색 나뭇잎들이 흔들리며 햇빛에 빛나고 있었다. 갖가지 녹색 빛을 보니 마음이 차분해졌다. 이 젊은 한의사의 믿음이 병으로 고통 받는 이들에게 도움이 될 수 있으면 좋겠다 싶었다.

돌아가는 길에 학교에 다시 들렀다. 늦은 오후, 아이들이 떠나고 학교 운동장의 큰 느티나무 아래가 텅 비어 있었다. 나무에 기대섰다. 바람이 불자 가슴이 시원해진다. 바람에 흔들리는 나뭇잎을 하나하나 바라보았다. 아이들의 웃음소리가 다시 들리는 것 같았다.

찾아가는 길 **주소 경북 봉화군 소천면 두음리**
중앙고속도로 풍기IC 북영주 방면 우측 고속도로 출구 → 중앙고속도로 풍기톨게이트 → 북영주/풍기/봉화 방면 우측 방향(931번 지방도) → 봉현교차로 소백산국립공원/제천/봉화 방면으로 좌회전(5번 국도) → 신전교차로 좌회전 → 서천교사거리에서 우회전(선비로) → 옥천삼거리 태백/울진/현동 방향 좌회전(소천로) → 영양/일월 방면 우측 방향(갈산로) → 임기2리 방면 좌회전(임기로) → 임기2리 방면으로 좌회전(임기로) → 양지마루 전 세 갈래 길에서 우측 → 개천 건너 우회전 → 두음교회 지나 도착

첩첩한 산골, 바위 깨는 할아버지의 시간

홍점마을

구들장에 놓을 돌을 만들겠다며 할아버지는 바위를 수없이 내리쳤다.
약초밭 할머니들은 김 메는 작업을 끝없이 반복했다.
옆에서 걱정하는 나를 위로하는 건 오히려 그분들이었다.

홍점마을은 청옥산과 각화산이 자리한 소천면에 있는 여러 마을 중 가장 안쪽에 자리한 오지마을이다. 긴 골을 따라 마을로 들어가서 띄엄띄엄 길게 있는 집들을 지나고도 모자라 도로가 끝나는 곳까지 들어갔다. 매년 제사를 올린다는 거대한 성황나무와 그늘 아래 있는 성황당, 그 옆에 아주 맑고 투명한 계곡물까지 신비한 풍경을 만났다.

걸어서 천천히 마을을 보며 가다 보니 뭔가 이상했다. 동네가 유난히 조용하다. 5월의 바쁜 농번기라 집집마다 사람이 없어 그렇겠거니 했는데, 가만히 보니 이 마을에는 개들이 없었다. 사람도 없고 개 짖는 소리도 들리지 않으니 고요할 수밖에. 텅 비고 조용한 집들만 눈앞으로 지나갔다.

그런데 5월은 역시 좋은 계절이다. 일하기도 좋고, 놀기도 좋다. 해가 제법 뜨거워도 살랑살랑 부는 바람에 땀이 나지 않고, 개울가에는 흐르는 물소리가 맑게 울리니 기분 또한 최고다. 좋은 마음이 하늘까지 올라갔다. 그 기분으로 들어선 고요한 집. 주인은 없겠지 싶어 안심하고 집안 곳곳을 구경했다. 마당 한구석 까만 가마솥 옆에서 하얀 솜털 씨앗을 멀리 보내고 있는 민들레, 이 집 할머니 것이 분명해 보이는 귀여운 몽당 빗자루, 리어카 위에 말리고 있는 나물거리가 보였다.

집 주인이 남긴 흔적에 빠져 있는데, 뒤에서 방문 열리는 소리가 들렸다. 집 주인 할아버지(조상근)가 나오셨다. 뭔가 훔치다 걸린 사람처럼 부랴부랴 인사부터 드렸다. 점심식사 뒤에 잠깐 잠이 드셨다는 할아버지는 자기 집인 양 어슬렁거리던 외지인을 보고도 편하게 대하셨다. 그제야 뜨끔한 마음을 풀었다. 그러고는 넉살좋게도 고추밭에 영양제를 주러 가신다는 할아버지를 따라 집 뒤 밭으로 올라갔다. 갓 심겨진 고추 모종이 밭 한가득이었다. 어린 자식을 보살피듯

📷 클로즈업이 내는 효과

약초밭에서 일하고 계시는 할머님들을 촬영했다. 봄 느낌을 표현하고 싶어서 화면에 밭과 노란 꽃을 함께 담아 촬영했다. 가까이 있던 꽃은 아웃포커싱으로 처리해 붓으로 찍어 놓은 효과가 나면서 풀이 나지 않은 이른 봄 밭에 화사한 느낌이 드러났다.

위 외양간의 한가로운 소들　**아래** 구들장을 만들려고 바위를 쪼개는 할아버지

마을 약초밭에서 일하시던 할머니 한 분이 유행가를 부르신다.
노래가 다음 할머니에게 이어지는 중에도 호미질은 계속된다.
할머니들의 웃음소리가 점점 커진다.
노래를 따라 호미질도 앞으로 앞으로 나아간다.

이 어린 고추 사이를 다니면서 하나하나 빠트리지 않고 정성스레 영양제를 주셨다. 이런 보살핌을 받고 건강하게 쑥쑥 자란 커다란 고추를 콧노래 부르며 수확하실 할아버지 모습을 상상하며 자리를 떴다.

다음으로 찾아간 넓은 밭에선 네 분의 할머님들을 만났다. 보기에도 거칠어 보이는 땅에서 한 손에 호미를 들고 연신 땅을 고르고 계셨다. 약초 재배를 많이 하는 마을답게 마을 곳곳에 제법 널찍한 약초밭이 있었다. 좀 전에 다녀온 할아버지댁 할머니도 계셔서 아는 분이라도 만난 듯 친근했다. 약초밭에서 김 메는 작업은 같은 일을 반복해야 하는 무척이나 고단한 일이다. 하지만 이런 일은 아무것도 아니라고 크게 웃으시면서 할머니들이 오히려 염려하는 내 마음을 다독여주신다. 잠깐의 휴식 뒤에 다시 호미를 챙겨 밭으로 나가시는 할머님들이 밭둑에 자란 노란 들꽃 사이로 교차되어 보였다. 어느 순간 할머니가 꽃으로, 꽃이 할머니로 보였다.

마을 꼭대기에 있다는 오래된 절을 찾아갔다가 내려오는 길이었다. 그 사이 고추밭 일을 끝낸 할아버지를 다시 만났다. 할아버지는 집 앞에 있는 커다란 바위를 망치와 정으로 쪼개려고 애쓰고 계셨다. 구들에 놓을 돌을 만들어보려고 하신단다. 실패할지 모르겠다고 하면서도 망치질을 멈추지는 않았다.

노을빛을 받은 외양간 송아지, 산 위 소나무들 그리고 밭에 있는 어린 약초들도 붉게 물들고 있었다. 어린 벼들이 자라는 논에 비료를 뿌리는 농부를 보며 하루가 마무리되는 풍경을 만끽했다. 바위를 내리치는 망치 소리가 더 크게 등 뒤로 들려 왔다. 할아버지는 될 거라고 믿고 계신 듯했다. 내일도 이 시간이면 할아버지는 바위를 쪼고 계실 것이다. 마음속으로 응원을 보내며 서서히 사라져가는 붉은 빛을 따라 마을을 나왔다.

찾아가는 길　**주소** 경북 봉화군 소천면 고선리

중앙고속도로 풍기IC 북영주 방면 우측 고속도로 출구 → 중앙고속도로 풍기톨게이트 → 북영주/풍기/봉화 방면 우측 방향(931번 지방도) → 봉현교차로 소백산국립공원/제천/봉화 방면으로 좌회전(5번 국도) → 신전교차로 비상활주로/안정 방면 우측 방향 → 신전교차로 좌회전 → 서천교사거리에서 우회전(선비로) → 고가도로(구성로) → 봉화/경찰서 방면으로 좌회전(광복로) → 상망교차로 우회전(원당로) → 현동삼거리에서 동해/태백 방면 좌회전(청옥로) → 고선1리 방면으로 우회전(홍점길) → 홍제사 입구

당신에게는 반가운 단짝이 있나요?

소광리

'단짝'이라는 단어, '친구'라는 단어가 멀게 느껴지는
나이가 되었다. 아침에 만나도 또 보고 싶고,
하루를 떨어져 있으면 몸살이 나는 사이. 그런 사람이 나에게 있는가.
나는 누구에게 그런 사람인가.

봉화에서 울진으로 넘어가는 36번 국도는 국내에서 가장 깊은 곳이다. 산도, 계곡도, 나무도 모든 것이 울창하고 깊다. 불영계곡에 이르기 전 광천교 삼거리에서 좌회전하면 917번 국도를 표시하는 간판과 함께 눈 쌓인 좁은 도로가 나타난다. 소광리로 들어가는 길목은 도로와 주변이 모두 눈으로 덮여 있었다.

나는 오늘 최고의 소나무를 만나기 위해 눈길도 마다하지 않고 떠나왔다. 그 최고를 만나려면 눈 쌓인 길 십여 킬로미터를 조심조심 다가가야 한다. 나무에도 품격이 있다. 소나무는 이리 휘고 저리 휘는 나무라고 알려져 있지만, 곧게 하늘로만 뻗어 나가는 소나무가 있다. 바로 금강송이다.

그렇게 조심해서 도착한 울진 소광리는 세계 최고의 금강소나무 군락지가 있는 곳이다. 1600여 헥타르의 땅에 500년 된 금강송과 수많은 금강송들이 자라고 있다. 소나무 중에서도 으뜸이라는 이 나무는 황장목·춘양목·미인송 등 이름도 여러 가지인데 조선 숙종 시대 때부터 왕가의 목재로 사용되었다. 소광리 금강송 군락지는 아무나 출입할 수 없는 보호구역으로 왕가의 관리를 받았다. 역사와 전통이 지켜온 군락지. 일반에 공개된 숲길을 걷는 내내 소나무의 고고한 자태에 감탄과 찬사가 이어졌다. 특히 입구에 서 있는, 수령이 500년 넘은 소나무 앞에 섰을 때 나무로부터 받은 존재감은 대단했다. 군락지가 잘 보호되고 더 확장됐으면 하는 바람을 가지며 솔향기를 두고 군락지를 떠났다.

군락지 바로 밑에 있는 대광천 마을로 들어섰다. 소광리 맨 끝자리에 있는 이곳은 자연스럽게 형성된 마을이 아니었다. 1968년에 김신조 사건이 일어났을 때 주변 골짜기에 살던 주민들을 이곳에 모여 살게 했다. 그때는 무척 큰 마을이었지만 지금은 몇 가구만 사는 작은 마을이 되었다. 마을 바로 위가 금강송 군락지인 만큼 마을 전체가 매일매일 솔향기로 뒤덮이겠구나 싶어 부러웠다.

📷 햇빛을 효율적으로 이용하기
마을에 비치는 태양과 마을을 같이 촬영했다. 마을 전경을 촬영하려 했는데, 마을 집 숫자가 적어서 전경 촬영에 다른 요인을 추가해서 강렬한 인상을 주고 싶었다. 해가 넘어가는 각도를 보니 내가 올라가려고 했던 산 방향에서 역광인 상태로 해가 질 상황이었다. 산 위에 올라 산 뒤로 넘어가기 전 마을을 비추는 모습의 해와, 눈을 뒤집어쓴 마을을 같이 화면에 담았다.

눈길에 나흘 동안 편지가 밀려 마음이 급한 우편배달부

눈 속에 웅크리고 있는 솔평지마을

메주 냄새와 나무 타는 구수한 냄새가 반겨주는 집이 있어 방문했다. 집 주인이
운 좋게 마을에 들어왔다며 반겨주셨다. 무슨 일인가 했더니 얼마 전에 눈이 많
이 내려서 트랙터로 눈을 치우기 전에 왔으면 대광천 마을에 들어오지도 못했
을 거라 하셨다. 그 말씀을 듣고 다시 보니 길 위의 풍경이 더 소중하게 보였다.
계곡을 덮은 눈 밑으로 계곡물이 흐르고 있었고, 눈밭에는 들짐승의 작은 발자
국들이 촘촘하게 찍혀 있었다. 눈에 길이 막혀 나흘 동안 마을에 오지 못했다며
우편물을 가득 실은 집배원 아저씨의 오토바이도 지나갔다.
눈길과 숲이 어우러진 아름다운 길을 걷다가 솔평지 마을까지 다다랐다. 대광
천 마을보다도 더 작은 마을에 장작 패는 소리가 울렸다. 할머니가 장작 준비를
하고 계셨다. 전부 세 가구가 사는데, 두 집이 장에 가시고 오늘은 혼자만 남아
계신단다. 동네 주변의 산들이 나지막해서 깊은 산중인데도 해가 오래 마을을
비추었다. 그런데도 할머니는 해가 질세라 외양간에 있는 소에게 여물을, 닭들
을 위해 모이를 챙겨주셨다. 장에 나갔다가 들어올 할머니의 단짝 친구네 집까
지 가서 군불까지 지펴 놓았다.

대광천마을의 지킴이, 500년 된 금강송

집을 나서는데 승용차 한 대가 들어와 섰다. 차문이 열리자 갑자기 할머니 얼굴에 화색이 돈다. 할머니의 단짝 친구다. 두 분은 오랜만에 만난 자매처럼 방으로 들어가 오늘 있었던 일들을 얘기하셨다. 어찌나 즐거운지 아침에 헤어졌던 분들이 맞나 싶었다. 그렇게 소나무 향기처럼 깊고 은은한 기쁨을 나누며 하루를 마무리 하셨다. 매일 보는 사람들끼리 저렇게 다정한 미소를 주고받는다는 건 참 행복한 삶이다. 아침에 만났다가 저녁에 만나도 한참 만에 만난 사람처럼 반가운 누군가가 있다는 건, 수백만 사람이 사는 도시에서는 쉽게 경험할 수 없는 행운이다. 단 세 가구가 사는 마을에서 그런 일이 매일 일어나고 있었다.

찾아가는 길 **주소** 경북 울진군 서면 소광리
중앙고속도로 풍기IC 풍기/북영주 방면 우측 고속도로 출구 → 중앙고속도로 풍기톨게이트 → 북영주/풍기/봉화 방면으로 우측 방향(931번 지방도) → 봉현교차로에서 소백산국립공원/제천/봉화/영주 방면으로 좌회전(5번 국도) → 신전교차로에서 좌회전 → 가흥삼거리 직진 → 서부삼거리, 서부사거리 직진 → 서천교사거리 우회전(선비로) → 옥천삼거리에서 태백/울진/현동 방면 좌회전(소천로) → 노루재터널, 현동2리, 분전, 불영계곡로 → 울진금강송군락지/소광 방면으로 좌회전(십이령로) → 소광리금강소나무 생태경영림

빈집은 세월에 자리를 내어준다
금봉리

주인 떠난 빈집에 시간이 저 혼자 쌓이며 집을 돌보고 있었다.
신문에 새겨진 기사들을 하나씩 곱씹기도 하고
주인이 살았던 이야기를 홀로 남아 되새기고 있었다.

청송과 의성 경계에 있는 오지 금봉리. 2007년에 마무리된 도로공사 덕분에 더 빠르게 마을까지 갈 수 있게 되었다. 그전에는 의성 쪽으로 1시간 이상을 들어가야만 했다. 금봉리에는 유독 골짜기가 많다. 미골·쇄골·칡밭골·꽹이골·물랭이골·의방이·소미기골……. 예전에는 골짜기마다 많은 사람들이 살았지만 이제는 모두 떠나고 스무 가구만 산다.

오지마을을 찾아간 이방인은 마을 사람들의 호기심에 부응해야 한다. 자기소개는 필수. '저는 뭐하는 사람이고, 무슨 일 때문에 마을에 왔습니다'라고 정확하게 인사를 드리고 촬영 허락을 청한다. 때로는 문전박대도 받지만, 대부분의 어르신들은 마음을 열고 반갑게 맞아주신다.

첫 번째로 방문한 미골에서도 인자한 할머니를 만났다. 먼 길 왔는데 밥 먹고 가라면서 방에 들어가 앉아 있으라고 하셨다. 할머니는 마당에서 고등어 담은 석쇠를 숯 화로에 올리셨다. 생물고등어 숯불구이에 입안에 침이 가득 고여 눈을 감고 꿀꺽 삼켰다. 석쇠가 놓인 화로로 다시 눈을 돌렸더니 은색 비녀로 머리를 쪽진 예쁜 새댁이 보였다. 새댁은 화로에서 고등어 연기가 피어오를 때마다 희끗한 머리의 할머니로 변해갔다.

숯의 속 깊고 은은한 열과 이를 조용히 지키던 할머니의 정성으로 익은 고등어

상황을 설명하는 부감 촬영

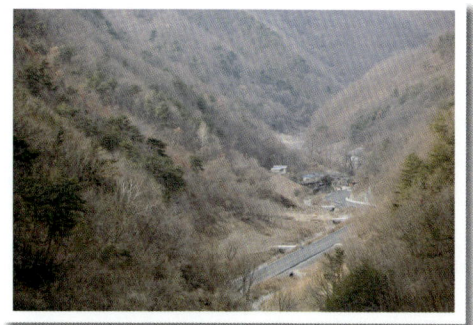

산 위에서 금봉리를 내려다보며 촬영했다. 주변 지역에서 산이나 건물 등 높은 곳에 올라 내려다보며 촬영하는 사진은 현장의 지형을 한눈에 설명한다. 어느 곳을 가더라도 항상 높은 위치에서 전체를 조망할 수 있는 곳을 찾아두자! 현장 전체의 풍경을 기록해두는 것은 중요하다.

구이에, 자연의 재료로 만든 반찬들까지. 순식간에 한 그릇을 뚝딱 비웠다. 무아지경이라 했다. 나는 없고 입안에 고등어만 있었다. 외지에서 온 이를 무한히 반겨주신 어른께 감사 인사를 드리고 나와, 쇠골과 칡밭골을 지나 청송 지역과 경계 지대의 산으로 올랐다. 아래를 내려다보니 상당히 깊은 골짜기로부터 도로를 타고 올라온 게 실감난다.

금봉리 자연휴양림으로 향했다. 이 휴양림을 통해 올라가면 괭이골, 물랭이골, 의방이, 소미기골로 갈 수 있다. 마을 주민들도 휴양림 관리자도, 이 마을에는

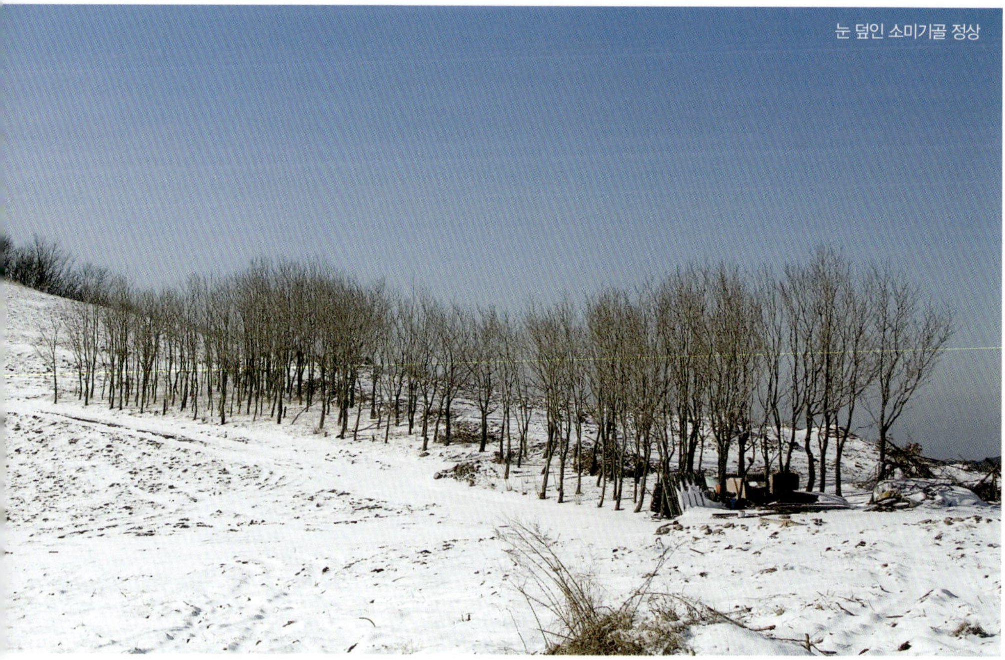

눈 덮인 소미기골 정상

위 한눈에 보이는 소미기골 **아래** 여름에 멈춰진 농막의 빈 방

사람이 살지 않고 농사철에만 사람이 생활한다고 알려주셨다. 소미기골에 가 보려고 휴양림 입구를 지나자 차는 비포장도로로 접어들었다. '골'이라기에 골짜기에 있는 줄 알았는데, 길은 산 위쪽으로 이어졌다. 저 멀리 높게 보이던 산들이 점점 같은 눈높이가 되었다. 도로 군데군데 녹지 않은 눈들이 쌓여 있어 운전대를 잡은 손이 땀으로 젖었다.

눈이 쌓여 갈 수 없는 도로가 나오자 차를 안전한 곳에 세우고 눈길을 따라 올라갔다. 마을 어르신들과 휴양림 관리 직원에게 들은 정보로 가상의 마을 지도를 머리에 그려 넣고 갔다. 처음엔 나무들이 빽빽하고, 주변의 눈 덮인 풍경을 보니 절로 콧노래가 나올 지경이었다. 하지만 오르고 내리기를 몇 번 하니 좋은 기분도 점점 가시고 조바심이 들었다. '도착했어도 벌써 도착했어야 하는데' 하는 마음이 큰 덩치를 과시하는 불신과 절망에 시달릴 무렵이었다.

숲은 사라지고 파란 하늘과 넓은 들판이 눈앞에 펼쳐졌다. 소미기골이다. 산꼭대기에 있으니 내려다보이는 주변 풍경에 가슴이 다 시원했다. 갖가지 약초를 재배하는 넓은 밭이 비스듬하게 펼쳐져 있다. 하얀 눈을 이고 있는 집들이 멀리 보였다.

사람이 살고 있지 않은 집은 적막하다. 하지만 집주인이 잠시 외출한 것마냥 마당에 물건들이 가지런하게 정돈돼 있었다. 방문 앞에 섰다. 벽지 대신 신문지로 발라져 있는 벽면이 눈길을 끈다. 남북정상회담, 스크린쿼터 준수 운동, 이상군 통산 100승 우승 소식부터 세로쓰기 신문까지. 수십 년간의 소식이 쌓여 있었다. 과거의 기록이 담긴 벽을 이리저리 보자니 타임캡슐이 따로 없었다.

전기가 들어오지 않는 이 집의 방 가운데에 큼직한 촛대와 초가 있어 불을 켰다. 조그만 방이 밝아지자 하루를 정리하고 몸을 눕혔을 옛 주인이 떠올랐다. 피곤한 몸을 이불에 눕혔을 주인이 그랬듯이 촛불을 껐다. 살며시 방문을 열고 나왔다.

찾아가는 길 주소 경북 의성군 옥산면 금봉리
중앙고속도로 남안동IC 남안동(의성읍) 방면으로 우측 고속도로 출구 → 중앙고속도로 남안동톨게이트 → 대구/의성/고운사 방면으로 우회전(풍일고) → 철파사거리에서 청송/의성 방면으로 좌회전(912번 지방도) → 영천/우보 방면으로 좌회전(홍술로) → 중리삼거리에서 현서/사곡 방면으로 우측 방향(충효로) → 신감삼거리에서 청송/현서 방면으로 좌회전(의성사곡로) → 사곡, 매곡2리, 화목2리 → 구산사거리에서 1.5km 뒤에 좌회전(금봉로) → 솟재, 쇠골2교, 쇠골교

생애 가장 아름다운 시절을 그리다
개금마을

스무 살 때는 서른이나 마흔쯤 되면 마음이 편해지는 줄 알았다.
이제는 궁금하다. 언제쯤을 내 인생의 가장 아름다운 시절로 떠올릴 수 있을까.
아흔 살 할아버지께 '가장 아름다웠던 시절'을 감히 질문할 수 있었던 것은
생에 대한 활기와 나를 향한 미소 때문이었다.

"당신은 살면서 언제가 최고로 좋았습니까?" 이렇게 묻는다면 뭐라 대답할까. 저마다 '좋았다'의 기준이야 다르겠지만, '가장 아름답게 느꼈던 시절'을 손꼽을 것 같다. 나에게 아름다운 시절은 언제였나. 쉽게 답이 떠오르질 않았다. 마음 한구석에선 지금 내 나이에 벌써 물어볼 질문인가 싶었다. 복잡한 질문은 슬그머니 피하고 싶어지는 법. 차에 시동을 켜고 길부터 나섰다.

거창의 가북면을 지나 여러 마을들을 거쳐 동북부 고지대 비탈면에 자리한 개금마을로 향했다. 마을을 넘어 북으로 가면 성주가 나오고, 동쪽으로 넘어가면 합천 해인사가 있다. 평소와 다름없이 차 없는 한적한 2차선 도로를 타고 달려 도착한 개금마을은 해발 800미터의 고지에 있었다. 마을로 들어오는 길은 언제 이렇게 높이 올라왔나 싶게 조금씩 완만하게 이어졌다. 남쪽 지방이 따뜻하다고 하는데 여기는 예외다. 해발고도가 높다 보니 남쪽 지방의 평균기온과는 확연히 다르다고 한다.

상하로 나누어져 있는 마을 중에 상개금마을부터 갔다. 이곳은 마 수확이 한창이었다. 트랙터로 수확 작업을 하시는 이장님을 만났다. 해발고도가 높다 보니 상대적으로 병충해가 많이 들지 않아 좋은 농산물이 생산된다며 마을 자랑을 하신다. 이 마을의 폐교를 마을 주민들이 십시일반으로 모은 돈으로 사들여 방문객들의 숙박소로 사용한다는 자랑에는 귀가 번쩍 열렸다. 서로 믿음이 없으면 쉽게 이뤄질 일이 아닌지라 마을 분위기를 단번에 알 수 있었기 때문이다. 또 청정한 환경 덕분에 장수마을로도 유명하단다. 80세를 넘은 분들도 기계로 밭일 하는 풍경이 익숙한 곳이라니. 이장님이 권하신 마즙을 마시는데, 왠지 건강해지는 느낌이었다.

이장님과 헤어져 나오는 길에 탁탁 튀는 소리가 연이어 들렸다. 소리를 쫓아가

📷 느린 셔터속도를 이용한 스트로보 촬영
수확한 배추와 시래기를 말리는 창고에서 일하는 할머니를 촬영했다. 일하는 모습이 좀 더 활동적으로 보이게 하고 싶어서 셔터스피드를 느리게 유지하면서 스트로보 촬영을 했다. 그 결과 움직임이 큰 부분에서 흔들림이 잡히고, 움직임이 없는 배경 등의 부분은 고정되어 표현되었다.

니 넓은 마당에 베어온 콩들이 잔뜩 쌓여 있고 할아버지 한 분이 도리깨질을 하고 계셨다. 도리깨질 소리에 맞추어 콩알들이 토도독 튀어나왔다. "정성을 다해서 치지 않으면 오히려 콩보다 사람이 맞을 수 있지." 한 번 또 한 번 콩을 터시는 모습에서 정성과 힘이 느껴진다.

하개금마을로 건너가는 길은 몸보다 마음이 저만큼 앞서 간다. 목탁 만드는 장인을 뵈러 가는 길. 목탁을 만드는 과정은 본 일이 없어서 기대도 컸다. 장인을 뵙고 자세한 설명까지 듣는 귀한 기회를 얻었다. 잘 만들어진 목탁에서는 사자 울부짖는 소리가 난다고 한다. 『유마경』에서 '부처의 설법이 주는 위엄은 사자가 부르짖는 것과 같다'고 했으니 수도승에게 교훈을 깨우쳐주는 좋은 목탁에서 '사자후'가 터져 나오는 것은 당연한 것이겠다.

"목탁은 백 년 이상 된 살구나무 뿌리를 3년간 땅에 묻어 진을 빼야 해. 그걸 소금물에 넣고 가마솥에 쪘다가 다시 나흘 동안 말리지. 일주일을 꼬박 깎고 파고 다듬은 뒤에도 들기름을 일곱 번 발라야 완성되는 것이 목탁이야."

장인은 직접 목탁 만드는 시범까지 손수 보여주셨다. 참으로 오랜 시간과 정성

군불을 때자 굴뚝이 모락모락 연기를 내뿜는다.
집에 들어가니 방한모자를 눌러 쓴 할아버지께서
땔나무를 아궁이로 나르고 계셨다.
아흔 살이라는 나이가 놀라울 만큼 삶에서 활기가 느껴졌다.

이 들어가는 작업이다. 그 귀한 기술이 대를 이어 전해진다니 다행이었다. 집을 나서서 다시 상개금마을으로 올라가는 내내 사자후를 닮은 목탁 소리의 여운이 머리에 맴돌았다.

상개금마을로 올라가는 길에 주민들이 단합된 마음으로 단장했다는 분교도 둘러보았다. 분교를 나와 다시 마을 위쪽으로 올라가니 배추밭에서 여러 주민들이 배추 수확을 하고 계셨다. 또 어떤 집 마당에서는 큰 통을 준비해 놓고 김장을 하기도 하고, 시래기를 말리며 겨울나기를 준비하느라 바쁘셨다. 하지만 집이 띄엄띄엄 떨어져 있어서 이 모든 일들은 겉으로 보기에는 조용하게 이뤄지고 있었다.

동네에서 오늘 마지막으로 출발하는 버스를 배웅하고, 굴뚝에서 연기가 모락모락 피어오는 집에 들어갔다. 방한모자를 눌러 쓴 할아버지께서 땔나무를 아궁이로 나르고 계셨다. 그 동작에서 활기가 느껴져 연세를 여쭈었다. 아흔 살이라고 하셔서 무척 놀랐다. 할아버지의 살아온 이야기를 듣는다면 오늘 하루 가지고는 어림도 없겠다 싶었다. 몇날며칠을 할아버지 옆에 착 달라붙어 있어도 반 정도나 들을 수 있을는지.

"지금도 혼자서 거뜬하게 일하며 살고 있다!"는 말씀에 용기를 내서 질문을 드렸다. "어르신 사시는 동안 언제가 가장 좋으셨어요?" 할아버지는 주저함 없이 답하셨다. "쉰 살 때. 그때가 가장 좋았다." 스무 살도, 서른 살도 아닌 쉰 살 때라니. 이제 아흔 살이 된 할아버지는 쉰 살의 무렵을 가장 아름다운 시절이었다고 생각하고 계신 것이다.

인사를 드리고 나오는데, 마을로 출발하면서 밀쳐두었던 의문이 조금은 풀리는 듯했다. 나이 아흔 살이 되어 돌아보면 쉰 살의 시절이란 인생에서 꽃으로 피어나는 시점으로 보이는 것 아닐까. 아직 아흔이 되지 않은 나는 할아버지 대답의 뜻을 어렴풋하게나마 짐작할 뿐이다. 그리고 그날을 향해 묵묵히 가기로 했다.

찾아가는 길 **주소** 경남 거창군 가북면 용암리
88올림픽고속도로 가조IC 가조 방면으로 우측 고속도로 출구 → 가조톨게이트 → 가조IC에서 가조 방면으로 우측 방향(1099번 지방도) → 마상사거리에서 수승대관광지/김천/거창 방면으로 좌회전(가조가야로) → 가북면, 명기미골 지나 갈림길에서 좌회전(용암로) → 가북저수지 지나 용암 보건진료소, 용암마을 지나 세 갈래 길에서 좌회전(장전길) → 약 240m 지나 도착

Part 3

우물 같은
바람 같은
삶의 여유

물안개도 쉬어가는 버스정류장 마당

운치리

누가 나를 끝까지 배웅해주었으면 좋겠다 싶은 때가 있다.
가을 동강에서 노랗게 빛나던 콩잎들은 내가 보이지 않는 곳으로
갈 때까지 아낌없이 손을 흔들어주었다. 이별을 아쉬워해주었다.

구름 운(雲), 언덕 치(峙). 구름이 있는 언덕 마을인 운치리에 들어섰다. 동강의 마을 운치리는 신동읍에서 가장 넓은 마을이다. 강물 덕에 물안개가 항상 산마루에 떠돈다고 해서 마을 이름도 운치리다. 골이 깊은 탓에 예전부터 은둔해 사는 사람들이 많았으며, 대부분이 임야지대로 많은 나무를 품고 있다. 넓은 곳에 자리하고 있어서 운치1리, 운치2리, 운치3리에 여러 마을이 나뉘어 있다.

운치교를 건너자마자 운치 분교를 만난다. 오래된 양철지붕을 얹은 학교 건물이 너무나 예쁘다. 지금은 사용하고 있지 않은지 아무 소리도 들리지 않았다. 교실에는 옛 물건들이 박물관 유물처럼 고스란히 제자리에 놓여 있었다. 선생님 책상, 풍금, 낡은 트로피 등을 찬찬히 살펴보며 옛날의 추억을 하나씩 떠올렸다. 옛 학교 건물에는 이렇게 추억만 남아 있고, 지금은 줄어든 학생 숫자에 맞도록 옆에 지어놓은 작은 건물에서 아이들이 공부하고 있었다. 아이들의 목소리가 들려와서 다행이다 싶었다. 아이들이 있는 교실을 살짝 들여다보고는 학교를 나섰다.

운치리에서 가장 많은 가구가 산다는 돈니치 마을에 들어섰다. 예전부터 사람들이 근면하고 인심 좋기로 유명한 마을이란다. 기분 좋은 바람이 마을 곳곳을 돌며 빨갛게 물든 나뭇잎을 흔들고 있었다. 눈도 발도 기분 좋게 마을 한 바퀴를 돌았다. 마을 사람들은 모두 일하러 나갔는데 베짱이처럼 혼자 놀러다니는 것 같아 죄스런 마음에 서둘러 마을을 떠나 가장 깊은 골에 있는 마을로 향했다.

가을이라 수확을 기다리는 황금 작물이 가는 곳마다 넘친다. 코스모스가 예쁘게 피어 있는 집 앞에 섰다. 들녘이 온통 황금색으로 물든 와중에 피어난 흰색의 코스모스가 유난히 청초하고 아름답게 보였다. 제법 마당이 넓은 집이다.

📷 어두운 곳에선 트라이포드 사용하기

실내에서 촬영을 할 때 빛의 양이 많이 부족한 때가 있다. 너무 어두운 경우에는 트라이포드나 스트로보를 이용해서 부족한 빛의 양을 화면 안에 채워넣는다. 그런데 인공적인 빛이나 셔터스피드의 시간을 느리게 조절해 사용하는 빛은 아무래도 자연스럽지 않다. 이 부엌을 촬영할 때는 최대한 자연광을 활용하고 싶었다. 처마에서 들어오는 빛이 다행히 부엌 안까지 들어왔다. 가마솥을 중심으로 마음마저 편안하게 하는 부드러운 자연광과 마루에서 일하시는 할머니 모습까지 같이 어울리게 한 화면에 담았다.

가을의 콩밭은 노란 손수건이 날리는 풍경이다.
콩잎들에게 지난여름은 열심히 일했던 즐거운 시간이었다.
콩잎들이 떠나는 가을에게 손을 힘껏 흔들어주자
쨍쨍한 햇살도 끼어들어 가을 공기가 풍성해졌다.

위 세월을 가늠하기 어려운 맷돌과 빗자루 **아래** 보기 드물게 가정집 마당 정류장으로 들어오는 마을버스

할머니가 분주하게 부엌일을 하고 계셨다. 곧 바깥양반이 올 거라 하셨는데, 집밖에서 짧은 자동차 경적 소리가 나더니 마당으로 느닷없이 마을버스가 들어섰다.

버스 차문이 열리고 운전기사이자 이 댁 주인인 할아버지가 내리셨다. 그러니까 이 집 마당은 운치리 마지막 정류장이자 기사님 휴게소이면서 차를 돌려 나가는 중요한 장소였다. 집 마당이 버스정류장이라니 신기하고 재미있다. '식사 시간인데 밥 한 술 뜨라'는 할아버지의 말씀에 자리에 덥석 앉았다.

곧 부엌에서 가져온 작은 항아리가 상에 놓였다. 항아리에서는 된장찌개가 보글보글 끓었다. 항아리에 끓여진 된장찌개를 먹기는 난생 처음이었다. 두 노부부의 마음처럼 깊고 구수한 된장찌개 항아리로 숟가락이 자꾸 들어갔다. 식사를 마치신 기사님이 시계를 보시고는 바로 일어나 차에 오르셨다. 할머니 배웅을 받으며 마당에서 능숙하게 돌아선 버스가 짧은 경적을 울리면서 황금색이 출렁이는 밭을 건너 마을을 빠져나갔다.

가만 보니 여기도 저기도 산 밑에도 온통 황금의 물결이 바람에 일렁이고 있었다. 콩잎 이파리들이 만들어내는 장관이었다. 수확 전 노랗게 익은 콩잎은 어지간해서 보기 힘든 광경이라 마음이 급해졌다. 버스를 배웅하던 여유로움은 사라지고, 황금의 들판을 지나고 싶어 발걸음이 빨라졌다. 바람에 흔들리는 콩잎들의 기분 좋은 배웅을 받으며 설론마을로 간다. 겨울에 하도 눈이 많이 내려 눈을 어떻게 치울지를 두고 의논을 한다고 해서 붙여진 이름, '설론'이다. 마을 입구에서 이장님을 기다리는데 황금빛 해가 마지막 황금 가루를 산 위에 뿌리고 있었다.

찾아가는 길 **주소** 강원도 정선군 신동읍 운치리
중앙고속도로 제천IC 제천/영월 방면으로 우측 고속도로 출구 → 중앙고속도로 제천톨게이트 → 단양/영월 방면으로 우측 방향(북부로) → 제천교차로에서 단양/영월IC 방면으로 우측 방향(북부로) → 영월 방면 지하차도(북부로) → 동막교차로에서 영월/쌍용 방면 우측 방향(북부로) → 예미교차로에서 유문동 방면으로 좌회전 → 약 9km 뒤 운치길로 우회전

돌 틈에 솟아나는 약초 잎사귀
봉산리

오지에서 만나는 빈집은 상상력을 불러일으킨다.
하지만 봉산리에서 만난 빈집은 수해로 밀리다시피 나간 가족의 흔적이었다.
마을은 돌 틈의 작은 새싹에서도 힘을 얻어 회복되고 있었다.

묵산리로 넘어가는 마지막 고개를 오르는 경운기

진부톨게이트에서 정선 방향으로 가다가 진부면 신기리로 들어서서 만난 410번 국도. 이 길을 쭉 따라가면 정선 구절리까지 닿는다. 그 가운데에 봉산리가 있다. 봉산리는 박지산(1391미터), 발왕산(1458미터), 두루봉(1226미터) 같은 높은 산들에 에워싸여 있다. 큰 산들에 싸여 있으니 마을로 들어가는 길도 예사롭지 않다. 신기리를 지나자마자 오르막길이 계속되고, 굽이굽이 올라가 만나는 가장 큰 고개 높이가 해발 1000미터나 된다. 고개 사이사이, 내려가는 사이사이를 연결하는 24개나 되는 다리를 건너야 봉산리에 도착할 수 있다.

오르막길을 오르다 앞서 가던 경운기를 지나쳐서 고갯마루에 올랐다. 길을 내려다보니 예전에는 어떻게 넘어다녔나 싶은 것이 새들도 넘기 힘들 고개다. 정상에서 부는 시원한 바람을 맞으며 숨을 고르고 있었다. 타타타. 멀리서 굉음을 내면서 아까는 뒤에 있던 경운기가 천천히 올라오고 있었다. 경운기를 운전하는 할아버지는 그 높은 고개를 거뜬하게 넘어서 쉬지도 않고 속도 그대로 내려가고 계셨다. 나도 이제 하염없는 내리막길을 앞질러 내려갔다.

좌우로 높다랗게 서 있는 소나무들에 감탄하며 내려가다 보니 넓은 평지가 도로 좌우로 펼쳐졌다. 그 뒤로도 한참을 들어가니 하늘을 찌를 듯 솟은 전나무와 진한 황토색으로 칠한 작은 건물이 보여 멈췄다. 서낭당이었다. 오는 사이에 집들이 보이지 않아 내심 걱정하다 발견한지라 비로소 마을에 들어선 것 같아 안심이 되었다. 전나무의 짙푸른 색과 절묘한 색 궁합을 자랑하는 서낭당이었다. 이 건물 앞으로 평탄한 자리마다 만들어진 밭이 개울을 따라 이어져 있었다. 그러는 사이 뒤에 왔던 경운기가 다시 내 앞을 지나갔다. 할아버지는 앞만 보고 일정한 속도를 유지하면서 가셨다. 경운기가 멀리 까만 점이 되었을 즈음에 경

📷 *결정적 순간을 기다리자*

밭에 풀어 놓은 토종닭에게 모이를 주는 모습이다. 닭 모이를 주러 뒷동산으로 가시는 아저씨를 따라갔다. 여기저기 흩어져 있는 닭들에게 모이 주는 모습을 멀리서 망원렌즈로 화면에 담았다. 모이를 먹는 닭은 머리를 숙이게 되므로 의미가 없을 것 같아 잠시 고민을 했다. 모이와 닭이 어울리는 장면을 만나려고 렌즈에서 눈을 떼지 않으면서 셔터는 계속 누르고 있었는데, 햇실을 받으며 모이가 떨어지는 순간, 닭도 그 모이를 응시하는 장면이 눈에 들어왔다. 순간 포착! 이렇게 해서 아저씨와 모이, 그리고 닭이 조화를 이루는 장면을 얻었다. 이 사진을 얻기까지 40컷의 사진을 촬영했다.

주인 떠난 투방집 빈 방

운기 모터 소리가 멈췄다.

순간 주위가 조용해지면서 귀 뒤로 바람소리만 남았다. 서낭당을 나섰다. 길 사이로 보이는 넓은 밭 한가운데 파란색 지붕을 얹은 수수께끼 같은 집이 보였다. 지붕과 달리 집은 옛 방식으로 지은 '투방집'이다. 사람이 살지 않은 농막이었다. 굵은 통나무와 흙을 덧대어 단단해 보였다. 방문이 신기해서 자세히 보니 안쪽으로 살짝 기울어져 있었다. 문을 열고 들어가고서야 그 이유를 알았다. 문을 열었다가 그대로 놓으니 알아서 닫히는 것이다. 중력을 이용한 '자동 닫힘문'이라고 할까. 에너지가 일절 들어가지 않는 자동문이다.

일할 때만 사용하는 집이어서 다른 집기들이 없는 텅 빈 방안에 들어서니 전에 살았던 꼬마들의 낙서, 멈춰진 시계, 음력이 선명한 달력이 눈에 들어왔다. 창호문 밖에서 들어오는 따스한 빛에 이 작은 방안에서 행복하고 따뜻한 시간을 보냈을 가족의 모습을 상상했다. 하지만 이 행복한 상상은 마을에서 만난 반장님의 말씀을 듣자 얼마나 감상적이었나 싶게 사라졌다.

2006년 마을이 큰 수해를 입었을 때 불어난 계곡물과 토사가 무섭게 밀려들었

봉산리에서 정선으로 가는 길

다 한다. 그 힘이 얼마나 거셌는지 서낭당의 몇 백 미터에 앞에 있던 봉산분교
가 물에 떠내려가 사라졌다. 그러니 집들은 말할 필요도 없다. 그 수해로 마을
을 떠난 사람들도 있어 겨우 몇 가구만 남았다는 것. 농사도 몇 년이나 지난 뒤
에야 겨우 다시 짓게 되었다며 한숨 대신 푸르게 물든 나무와 하늘을 보셨다.
예전에 마을로 들어오는 길은 트럭이나 사륜구동 차량만이 다닐 수 있던 비포장
도로였는데 수해 뒤에 포장도로가 되었다. 길이 좋다고 신나했던 마음이 무거워
졌다. 무언가가 사라지는 시간에 비해 회복되는 시간은 오래 걸린다. 마을은 천
천히 회복하고 있었다. 주변 밭에는 조그만 약초 잎들이 거친 돌 틈에서 힘차게
솟아나고 있었다. 험한 역경을 딛고 다시 시작하는 마을은 약초 잎을 닮았다.

찾아가는 길　**주소** 강원도 평창군 진부면 봉산리
영동고속도로 진부IC 진부/월정사 방면 우측 고속도로 출구 → 영동고속도로 진부톨게이트 → 진부IC 진
부 방면으로 우측 방향 → 신기교, 신기 방면으로 좌회전(신기봉산로)

초록 지붕 아래 켜켜이 해묵은 사랑

문암마을

"언제 밥 한번 먹자." "전화 할게!" 이런 말을 주고받으면서
우리는 안다. 꼭 지켜질 말은 아니라는 것.
산골 마을에서만은 약속을 함부로 하고 싶지 않았다.
지킬 수 있는 약속만 드리고 싶었다.

4월이라 아직, 산에 꽃 피고 들에 풀꽃 만발한 때가 아닐 거란 짐작은 했다. 하지만 푸른빛이 이렇게 없을 줄이야. 길이 점점 깊은 곳으로 뻗어 마을이 가까워질수록 봄을 만날 마음은 포기를 했다. 도착한 마을은 겨울이 무척이나 긴 문암마을이다. 지금쯤 다른 지방에서는 한창 밭을 갈고 작물을 심느라 분주하게 보내고 있을 때다. 그런데 이곳 문암마을에선 밭에서 일하는 사람이 없었다.

농사짓는 분이 없나 하고 궁금해질 정도로 고적했는데, 마을 어른께 설명을 듣고 뒤늦게 이해되었다. 이곳은 4월 한식이 지나야 비로소 겨울이 끝나고 봄이 오기 시작한다는 것. 계절이 다른 지방과는 전혀 다른 시간의 사이클로 진행되는 곳이었다. 시간이 더 흐른 뒤에야 튼튼한 작물이 자랄 수 있는 기후가 된다니 로마에서 로마법을 따르듯, 이곳 문암마을에서는 이곳의 농사법을 따라야 한다. 산길을 따라 올라가는데, 내가 간절히 보기 바랐던 초록빛 덩어리가 보였다. 다른 곳은 겨울인데 오직 그곳만 초록의 봄으로 덮여 있었다. 들어선 곳은 긴 수염이 멋진 주시용 할아버지와 선하고 귀여운 인상의 김용선 할머니의 집. 두 분은 200년 넘은 흙집에서 사시는데, 초록빛 덩어리는 바로 이 집의 지붕이었다. 할아버지께서는 집 주위에 각종 약초와 더덕을 심어 두고 밭을 매고 계셨다. 할아버지는 내가 4월에 온 걸 두고 무척이나 아쉬워하셨다. 5월에 오면 집을 둘러싸고 분홍색 금낭화 꽃이 핀다며 '꼭 그 장면을 보여주고 싶다'고 하셨다. 그 뒤에 숨겨둔 말씀, '그때 꼭 다시 오라'는 뜻인 걸 잘 알기 때문에 빈말로라도 오겠다는 약속을 드릴 수 없어 마음이 아팠다.

아늑한 방에 들어가자 할머니께서 밥 먹고 가라 하시며 부엌으로 재빨리 가셨다. 넓고 깔끔한 부엌에서 할머니는 벌써 화로에 찌개를 얹어두셨다. 두릅나물을 초고추장에 무치고, 반찬들을 접시에 정성스럽게 담아내며 행여 손님이 떠

📷 작은 창도 훌륭한 조명이 된다

할아버지와 할머니를 촬영한 사진이다. 두 분의 금실이 남달리 느껴져 어떻게 하면 다정한 느낌을 더 깊이 표현할 수 있을까 고심했다. 방 옆에 있던 조그만 문을 열었다. 열린 문 사이로 들어오는 자연광이 그대로 두 노부부에게 비춰지도록 했다. 그리고 두 분이 작은 문을 보시게 했다. 노부부와 작은 문으로 들어오는 부드러운 자연광의 느낌이 어우러져 따뜻하고 다정한 분위기가 그려졌다. 평생 지으셨던 두 분의 아름다운 미소가 일등공신이었다.

홍천의 운암산 800미터 높은 곳에 자리한 문암마을.
엄마 개한테 달라붙은 강아지들처럼 산줄기마다 집이 매달려 있다.
따듯한 햇볕이 내려쬐는 4월인데도
깊은 산속 작은 마을에 봄은 더디게 오는 중이다.

아흔의 엄마와 일흔의 딸이 정답게 더덕을 캔다.
칠십 년을 엄마와 자식으로 살아오는 사이에
갓난쟁이였던 딸도 이제는 주름진 할머니가 되었다.
그래도 엄마 옆에 있을 때면 딸은 딸. 늙어도 딸이다.

나기 전에 상을 보셨다. 화로에서 보글보글 끓고 있는 청국장이 내 발목을 붙들었다. 수저로 청국장을 슬슬 저으실 때마다 침이 목 뒤로 연신 넘어갔다.

결국 밥그릇에 타 주신 차까지 얻어 마시던 나는 방 옆에 있는 조그만 창 크기의 문을 열었다. 5월이면 금낭화 꽃밭이 된다는 밭이 보였다. 꽃이 피었을 때 이 작은 문만 열면 매일매일 앉아서 꽃동산을 생중계로 볼 수 있는 신비의 문이었다. 그 문 옆에는 이 방에 가장 어울리지 않는 물건이 떡 하니 서 있었다. 냉장고였다. 이제껏 시골집 방에 이렇게 들어와 있는 냉장고는 처음 봤다. 더구나 흙집처럼 방이 작게 만들어진 생김새에서는 더욱 그랬다. 진짜 알 수 없는 건 냉장고가 방문 크기보다 두 배는 더 컸던 것. 할아버지는 눈치를 채셨는지 냉장고가 어떻게 방 안으로 들어올 수 있었을까 퀴즈를 내셨다. 갸웃거리는 나에게 바로 답을 알려 주셨다. "방 밖에서 내가 손 안에 꽉 쥐고 들어온 뒤에 방 안에 들어와서 이 자리에서 다시 폈지." 방이 웃음으로 가득 찼다. 더 이상 이 냉장고가 왜, 어떻게 이 방으로 들어오게 되었는지 묻고 싶지 않아졌다. 할머니를 보시는 할아버지의 눈빛만으로도 충분했다. 두 분께 깊은 감사를 드리고 집을 나섰다.

녹색 지붕이 점점 멀어질 무렵, 더덕 밭에 몇 년째 키웠던 더덕을 캐러 가신다는 할머니를 만났다. 밭에 가신 할머니는 작업을 하고 계시는 분 옆에 앉아 일을 시작하셨다. 그 모습이 정답기도 한데다가 손발이 척척 맞았다. 아흔 살의 어머니와 칠순의 딸이었다. 서로 속도를 맞추고 일하면서 웃는 모습이 얼마나 닮았는지. 웃음이 쌓이듯이 더덕이 눈앞에 쌓이면서 더덕 자루도 묵직해졌다. 집으로 가시는 두 분과 인사를 나누고 나도 자리를 떴다.

마을이 내려다보이는 높은 곳에 올랐다. 많지 않은 마을 집들이 한눈에 들어왔다. 노지 오이를 재배하는 농부가 작년에 설치했던 오이 섶을 걷는 게 보였다. 비탈진 넓은 밭에서 하루 종일 비닐을 걷어내며 농사 준비를 하는 아주머니도 보였다. 이곳에도 기나긴 겨울이 끝나고 봄이 오고 있었다.

찾아가는 길　　**주소** 강원도 홍천군 내면 율전리

서울춘천고속도로 동홍천IC 인제/동홍천 방면으로 직진 고속도로 출구 → 서울춘천고속도로 동홍천톨게이트 → 홍천/속초/인제 방면으로 좌측 방향 → 동홍천IC 홍천/구성포 방면으로 좌회전(44번 국도) → 구성포교차로 춘천/서석방면으로 우측 방향(56번 국도) → 양양/창촌/서석 방면으로 좌회전(구룡령로) → 율전삼거리 인제/상남 방면으로 좌회전(방내로) → 율전3리 방면으로 우회전(밤바치길) → 신흥1교, 신흥2교, 문암1교 → 갈림길에서 우측 방향(문바위길)

인생의 동반자는 사람만이 아니다

장선마을

일하는 소를 만나기란 하늘의 별따기다.
장선 마을에서 만난 할아버지와 쇼 사이에는 교감이 있었다.
두런두런 나지막한 목소리와 꿈벅거리는 큰 눈이
주고받는 건 정(情)이었다.

산속 마을을 찾아가는 길은 수수께끼를 푸는 것 같다. 출발 전 머릿속에 담아온 마을의 지도를 놓고 하나씩 하나씩 길을 맞추며 가기 때문이다. 충북 천태산의 깊은 품에 안겨 있는 장선마을에 갈 때도 그랬다. 퍼즐 맞추듯이 길을 맞춰가며 한참을 오른 뒤에야 햇빛이 곱게 비치고 있는 마을에 들어섰다. 하지만 이 마을은 '높은 장선마을'. 여기서 산을 더 넘어 들어가야 최종 목적지인 '깊은 장선마을'이다.

양지바른 곳에 옹기종기 집들이 모여 있는 높은 장선마을은 참 아담했다. 곳곳에 있는 아담한 논에서 벼들이 자라고 있었다. 높은 장선마을에서는 다른 농기계보다 소가 하는 일이 더 많다고 했다. 숲 이곳저곳에서 여유롭게 풀을 뜯는 소들이 보였다.

빈 집 앞에 서서 마당을 들여다보다가 그 집 옆에 있는 밤나무에서 밤을 따는 할아버지를 만났다. 그늘에 앉아 잠시 쉬면서 오지 생활의 어려웠던 이야기를 들었다. "말도 마. 마을 앞에 다리가 놓이기 전까지는 아무리 추운 겨울에도 물길을 건너야 외지로 나갈 수가 있었어." 한겨울 깊은 산속의 차가운 강물이라니. 마을까지 힘들게 들어왔다 싶던 마음이 부끄러워졌다.

"밤 좀 먹어봐." 커다란 손으로 밤을 한 움큼이나 쥐여주신 할아버지와 헤어진 뒤에 산을 넘어 깊은 장선마을로 들어갔다. 이 마을에는 네 가구가 있다. 마을 입구에 있는 정자나무 아래서 온 마을 사람들을 뵙는 행운을 만났다. 마을 사람 모두라고 해야 할머니 네 분과 할아버지 한 분이다. 아직 끝나지 않은 여름 끝의 더위를 나무 그늘 아래 쉬면서 달래고 계셨다. 그런데 이 마을은 흐르는 개울을 두고서 두 가구는 영동군에, 두 가구는 금산군에 속한다. 군과 군의 경계를 가르는 작은 개울이 졸졸졸 흘렀다. 군이 달라 겪었던 옛일을 들려주셨다.

📷 뒷모습에도 표정이 있다
나무 그늘 아래 앉아계신 할머님들 뒷모습만 담았다. 사진을 촬영하다 보면 정면 모습을 찍는 것을 정답으로 여기고 촬영할 때가 많다. 하지만 뒷모습도 꼭 기억하자! 어떤 상황은 뒷모습도 의미 있기 때문이다. 뒷모습을 보여줌으로써 설명될 수 있는 상황이라 판단된다면 앞모습이 상상되는 사진이 더 재미를 줄 수 있다. 사진에는 과감한 판단이 좋은 약이 될 때가 있다.

숲에서 풀을 뜯던 소를 끌고 집으로 돌아가는 할아버지

해가 지는 저녁, 집으로 가는 깊은장선마을 주민들

"옛날에 밀주 단속을 나왔을 때는 밀주를 영동 쪽 집에 숨겼다가 다시 금산 쪽
집에 숨겼다가 했다고. 그럴 땐 도움이 되었지." 그것도 추억이라며 모두들 웃
으신다.

마을의 네 가구가 작은 규모로 논농사를 짓는다. 할아버지가 키우는 소의 역할
이 가장 크다. 요즘은 소가 논에서 일하는 풍경도 보기 힘들다. 내가 마을로 찾
아갔을 땐 계절이 맞지 않아 일하는 걸 볼 수 없어 아쉬웠다. 산에 묶어놨던 소
를 데리러 간다는 할아버지를 쫓아갔다. 논일을 하고, 축사 밖에서 자유를 누리
는 소를 만나기란 쉽지 않다.

산속에서 하루 종일 맛있는 풀을 배불리 먹은 소가 크게 울며 할아버지를 반겼
다. 등에 윤기가 흐르는 튼실한 소를 몰고 산에서 내려오는 할아버지가 흐뭇하
게 웃었다. 익숙한 길이라 그런지 소가 앞장을 서서 할아버지를 끌고 갔다. 순
한 눈길이 참 비슷하기도 하다. 앞뒤로 걷는 품이 숨 쉬는 것처럼 자연스럽다.
할아버지는 두런두런 뭐라고 소에게 알아들을 수 없는 말을 건넸다. 많은 시간
을 함께한 둘 사이에 흐르는 오래된 교감은 보고 있는 나까지도 편안하게 했다.

양철지붕을 꾸미는 새 장식

산속의 하루는 짧다. 작은 논에서 익어가는 벼들이 마지막 저녁 햇빛에 아름다운 연노랑 빛깔로 흔들리고 있었다. 몇 채의 집들이 눈앞에 들어왔다. 30년 전에 주택개량사업을 했을 때 바꿨다는 양철지붕은 세월에 낡고, 칠도 벗겨졌다. 자주 지붕 양쪽 끝에 있는 양철 새 모형이 눈에 띄었다. 마을에 내려왔던 산새들도 저마다의 집으로 돌아가느라 삑삑거리며 양철 새만 남겨두고 산 너머로 사라졌다. 멀리 정자나무 아래 할머님들도 수십 년 동안 그래왔듯이 인사를 나누고, 연노랑 벼들 사이를 지나 각자의 집으로 향하고 계셨다.

찾아가는 길 **주소 충청북도 영동군 양산면 가선리**
통영대전중부고속도로 금산IC 금산 방면 우측 고속도로 출구 → 금산톨게이트 → 제원삼거리에서 우측 방향(금강로) → 제원대교, 가선 지나 장선리 방면으로 좌회전하여 약 750m

물 위로 가는 경운기가 있는 비밀스러운 선착장

용호리

선장님에게 속도 빠른 고급 엔진보다 중요한 건 실용성이다.
고장이 나도 언제든 손볼 수 있는 엔진이 필요했다.
그래서 용호리에는 경운기 모터를 단 배가 호수를 달리고 있다.

1978년 대청호가 생기면서 옛 용호리 마을은 물에 잠겼다. 일부 주민들만이 지금의 마을로 옮겨 이름만은 예전 그대로인 용호리에 살고 있다. 백여 가구가 넘던 마을에는 이제 다섯 가구만 남았다. 1999년에 임산도로가 나기 전까지는 배를 타야 외지로 나갈 수 있었다 한다. 꽤 오랜 세월 육지 속 섬 생활을 한 셈이다. 배는 아직도 사용되고 있었다.

비포장도로이긴 해도 평지 작업이 잘되어 있어 차는 수월하게 산길을 탔다. 걸어도 좋을 것처럼 보이는 험하지 않은 길이었다. 산마루에 오르자 아래로 대청호 전경이 눈앞에 펼쳐졌다. 수백 미터 길을 달리는 사이, 넓고 시원하게 뚫린 하늘과 대청호의 장관이 눈에 들어왔다. 마음이 시원하다. 반달 모양으로 보이는 대청호가 깊은 산속 옹달샘처럼 보였다.

꽤 오랜 시간 산길을 오르내린 끝에 용호리 이정표로 놓인 돌을 만났다. 한여름 초록이 더욱 진하게 물든 산 밑에, 오래된 양철지붕들을 머리에 얹은 작은 마을이 눈에 들어왔다. 마을로 들어서서 흙집 마루에 앉아 부채질을 하시는 할아버지를 뵈었다. 마을 사람들이 이용하는 배를 운전하는 선장 일을 하시는 분이다. 게다가 반장 일에 우편 업무도 맡고 계셨다. 아내가 세상을 뜬 뒤 마을에서 벌였던 양식일이 없어지자 이곳을 떠나려 했는데, 마을 사람들과 마을 종친회 손을 뿌리치지 못하고 살고 있다 하셨다. 마을 일을 몽땅 도맡으신 걸 보면 부지런함과 성실함을 아는 마을 사람들이 떠나보냈을 리 없었겠다 싶다.

흙집 마루에 앉으니 사방에서 바람이 흘러들었다. 이런 곳에서 선풍기나 에어컨이 필요할까 부채를 들고 이리저리 부치다 보면 여름 더위뿐 아니라 힘들고 괴로운 마음마저도 몸에서 슬슬 빠져나갈 것만 같았다. 집 앞에 놓인 투박한 개

📷 *액자 효과 주기*

선장님이 마루에 앉아 부채를 들고 더위를 식히는 모습을 촬영한 사진이다. 이 집 구조가 문이 열리면 마루와 방, 그리고 집 뒤편이 하나로 열리는 생김새라 한여름에 바람이 시원하게 들어온다. 이러한 집 구조와 선장님을 같이 보여주고 싶어서 집 뒤에서 열린 문틀 사이를 보며 부채를 들고 계시는 모습을 촬영했다. 집 구조와 함께 열린 문틀을 이용해서 선장님의 모습을 더 강조되게 표현했다.

위 용호리로 들어가기 전 보이는 대청호 **아래** 다정히 모여 앉은 용호리 마을 집들

선장님은 시원한 지하수에 발을 담그고 낮잠 중.
더위를 피해 실컷 자고 일어난 누렁이는 심심하다.
주무시는 선장님 때문에 친구를 부르려 크게 짖을 수도 없고, 날은 덥고.
다시 자야 하나 어쩌나 고민이다.

집 앞에는 더위에 지친 강아지 한 마리가 얼굴을 내밀고 바닥에 누워 있었다. 윗집 할머니 댁에 올라가니 창문이 눈에 띈다. 지금은 물에 잠긴 학교의 창문이었는데 사라지지 않고 제 역할을 하고 있다. 오랜 시간의 흔적을 만져보고 내려오는 길에 선장님을 다시 만났다. 선장님은 시원한 여름나기 2차 프로젝트를 수행하고 계셨다. 의자를 뒤로 젖힌 채 무릎까지 걷어 올린 두 다리를 시원한 지하수에 푹 담그고 의자에 누워계셨다. 참으로 시원해 보여 잠시 옆에 앉아 함께 바람을 맞았다.

뜨거운 여름 오후가 지나고 있었다. 인기척에 눈을 뜬 선장님께 배를 보고 싶다고 하자 얼른 방으로 가 옷을 갈아입고는 배가 있는 선착장으로 번개같이 오토바이를 몰고 앞장섰다. 배가 있는 곳까지는 걸어 들어가야 하는 선착장. 나무숲이 없어지자 호수가 드러났다. 걸어가는 길 오른편으로 풀이 카펫처럼 깔린 들판이 펼쳐져서 비밀스런 장소로 가는 느낌이었다.

바깥세상과 연결해주는 배에 올라타고 보니 많은 사람을 나를 만큼 큰 배였다. 명절이나 종가 제사 때면 수십 명의 사람들이 이 배를 이용하고 있었다. 선장님은 배의 심장인 엔진도 보여주셨다. 그런데 흥미롭게도 경운기 엔진이었다. 이유는 실용성에 있다. 빠르고 더 좋다는 엔진도 소개받았지만, 고장이 났을 때 정비사를 불러야 하는 불편함이 예상되어 잘 아는 경운기 엔진을 달았다 한다. 고장이 나도 직접 바로 수리해 운행할 수 있으니 오지에서는 그 어떤 것보다도 중요한 이유였다.

"그럼 한 바퀴 돌아봐야지." 엔진에 시동을 걸었다. "터터 털털털!" 배의 심장이 뛰기 시작하자 선장님의 두 손도 바빠졌다. 한 손은 엔진변속기를, 한 손은 방향키를 조종하자 배가 서서히 움직였다. 물길을 가르며 움직이는 것은 배인데, 경운기 소리가 난다. 때마침 쨍쨍한 햇살 사이로 쏟아지는 소나기를 맞으며 배는 저 건너편 산을 향해 천천히 다가간다. 선장님의 믿음직한 손이 더 분주하게 움직이고 있었다.

찾아가는 길   **주소** 충북 옥천군 군북면 용호리
경부고속도로 옥천IC 옥천/보은 방면 우측 고속도로 출구 → 옥천톨게이트 → 옥천IC사거리에서 속리산/보은/대전 방면 좌회전(중앙로) → 문정삼거리에서 대전/영동/무조 방면으로 좌측 방향(중앙로) → 문정사거리, 교동저수지, 국원교차로 → 석호리 방면 좌측(석호길) → 세 갈래 길에서 우회전(석호길) → 두 번째 세 갈래 길에서 우측 방향

사랑은 오롯이 지켜지고

피화기마을

이제 늙은 부부의 밥상은 신혼의 그때처럼 다시 둘만을
위한 것으로 돌아가 있었다. 가는귀를 먹은 남편과 대화하는
늙은 아내는 이제 귀에 바싹 입을 대고 말한다.
정작 신혼 때는 부끄러워 차마 하지 못했을 텐데.

피화기마을. '세상의 화(禍)를 피하는(避)' 곳이라는 이 마을은 소백산 북쪽 자락, 용산봉에 얹혀 있다. 실제로 이곳에서 화전을 일구며 살던 사람들은 6·25 전쟁 당시에 근처 가곡면에 군대가 주둔했는데도 군인 한 명 못 보고, 전쟁 소식도 모르고 살았다고 한다. 해발 700미터에 위치한 마을답게 이정표를 따라 들어선 산길이 가파르게 올라가고 있었다.

산 밑에서 예상했던 것과 다르게 산 위는 분지 형태로 완만하게 펼쳐져 있었다. 눈에 들어온 마을은 아주 오래 전에 지어진 집들과 산과 나무들이 자연스럽게 어우러지고 있었다. 그 자연스러움에 감탄하며 오래된 흙집에 들어갔다. 나중에 알고 보니 이 집은 마을에서 가장 먼저 정보를 접해서 소식을 전달한다는 '레이더 할머니(김종례)' 댁이었다.

집에 들어서기 무섭게 할머니가 나와 반기셨다. 양지바른 마당에 앉아 할머니의 흙집을 찬찬히 보았다. 집주인과 오랜 세월 같이 보낸 든든한 동지인지라 단단한 모습으로 할머니 뒤에 서 있다. 집과 주인이 닮았다. 할머니는 우리를 바로 앞집에 사시는 이 마을 최고령 어르신 김경호 할아버지 댁으로 안내해주셨다.

집안에 들어서니 안주인이신 정길녀 할머니가 반겨주셨다. 방송에 많이 나오신 분들이라 귀찮을 법한데도 찾아온 이부터 챙기신다. 식사는 했는지, 추운데 고

📷 항상 중요한 피사체에 포커스를 맞춘다

마을 꼭대기에 있는 절 마당에서 절을 지키는 개는 낯선 외지인에게 강한 경계심을 드러내며 마을이 떠나가라 짖었다. 자주 절을 비운다던 스님의 말씀을 듣고 나니 혼자서도 절을 지키는 충직한 개가 다시 보였다. 그 개를 소중하게 여기는 스님과 개를 함께 담고 싶었다. 개가 짖기를 멈추도록 기다리니 이내 평소처럼 우직하게 앉아 먼 산을 응시했다. 뒤에서 스님이 이런 개를 흐뭇하게 보고 계셨다. 의도했던 대로 화면에 둘의 모습을 담았다.

생한다며 정이 넘치는 말을 건네셨다. 인기척에 아랫목에 누워계시던 할아버지가 일어나서 인사를 받으셨다. 연세가 많아서 귀가 좀 어두워지신 탓에 할머니의 통역을 거쳐서, 난리를 피했던 마을 이야기를 하나씩 하나씩 들려주셨다. 할아버지는 내가 준비해간 막걸리로 연신 건배를 하며 즐거워하셨다.

막걸리에 취한 건지 할아버지 웃음에 취했는지 취기가 올랐다. 옆에 계신 할머니를 뵈니 할아버지 귀에 대고 말씀하시는 모습이 꼭 뽀뽀하고 계신 것처럼 보였다. 부부가 함께 나이가 든다는 건 서로 점점 더 가까워지는 거구나 싶었다.

첩첩산중에 자리한 피화기 마을

밥상도 작아지고, 말도 서로 귀에 대고 하고, 방도 작아지고. 처음 두 분이 만나셨을 신혼부부 때처럼 꼭 붙어계신다. 할머니가 방구석에 있는 큰 통 안에서 메밀묵 한 덩어리를 꺼내 내미셨다. 어제 쑤었다는 메밀묵 한 덩어리. 커다란 부엌칼로 슥 잘라 내미신 묵 덩어리를 수저로 푹 퍼서 입에 넣었다. '이게 진짜 메밀묵이구나.' 입안에 메밀 향기를 머금고 마을을 둘러보려고 자리에서 일어났다.

마을 가장 높은 곳에 절이 있다고 해서 그리 가파르지 않은 길을 따라 올라갔다. 도착한 절에는 여름 내내 외지에서 일하다 들어오셨다는 스님과, 절을 굳건하게 지키고 있는 튼튼한 개 한 마리가 반겼다. 개집은 온 마을이 다 보이는 곳에 있었다. 항상 마을을 보고 지낼 개와 나란히 서서 마을을 내려다보았다. 산에 둘러싸여 있는 모습이 한눈에 들어왔다. 과연 저 아래에서는 이 높은 곳에 마을이 있을 거란 짐작도 할 수 없겠다 싶었다.

넓은 콩밭에서는 마지막 가을걷이를 하느라 오후 내내 모녀가 밭을 오가며 콩 줄기를 베어 한 곳에 모아두었다. 돼지 저녁밥을 주려고 가마솥에 밥을 끓이고 계신 아저씨의 손길이 분주하고, 겨울 땔감을 준비하는 할머니는 몸집보다 더 큰 나무들을 지게에 얹고 내려오셨다. 가을걷이로 수확한 작물들이 집집마다 보였다. 이제 추운 겨울이 와도 끄떡없이 마을 사람들은 긴 겨울을 견뎌낼 것이다. 다시 김경호 할아버지 댁에 들어서니 할머니께서 부엌 아궁이에 불을 넣고 계셨다. 옆에 앉아 불이 활활 타오르는 나무를 한참 들여다보았다. 어느새 땔감은 예쁜 빛을 내는 조각조각의 숯으로 변했다. 할머니가 숯불을 하나씩 화로에 옮겨 담았다. 이 숯들은 새벽까지 방안에 훈훈한 기운을 불어넣어줄 것이다. 화로를 따라 나도 할머니 손에 이끌려 방으로 들어갔다. 아직도 입안을 맴도는 메밀 향기와 화로에서 새어나오는 은은한 불빛이 따뜻했다. 불빛보다 더 밝은 두 부부의 미소가 주는 온기를 선물처럼 소중히 품고서 마을에서 내려왔다.

찾아가는 길 **주소** 충북 단양군 가곡면 보발리
중앙고속도로 북단양IC 북단양/매포 방면으로 우측 고속도 출구 → 북단양톨게이트 → 북단양IC 매포/단양 방면 우측 방향(532번 지방도) → 단양/소백산국립공원 방면 우회전(평동로) → 단양/구인사/단양관광호텔 방면으로 우측(5번 국도) → 하괴삼거리에서 가곡/도담삼봉 방면 좌회전(삼봉로) → 고수삼거리에서 평창/영월 방면 좌회전(고수재로) → 향상삼거리에서 보발리 방면 우측 방향(595번 지방도) → 보발피화기길

오봉마을의 미래 이장

오봉마을

이곳 친구들이 도시 친구들보다 순수해서 반했단다.
또 마을이 아름다워서 반했단다.
순심 리 통학 길을 힘든 줄 모르고 다녔다는 이야기.
오봉마을의 보물이다.

산청군 금서면 오봉리 오봉마을로 가는 길. 방곡리에서 시원스레 흐르는 오봉천을 따라 좁은 외길을 타고 달린다. 다섯 개의 봉우리로 둘러싸인 이곳은 해발고도가 500~600미터다. 큰 계곡 옆길을 따라가다가 드디어 마을 입구에 들어섰다. 봉우리 아래 깔때기 모양으로 생긴 지형에 있는 깊은 산속 마을이다.

마을 입구에서는 거센 물소리를 내뿜으며 두 갈래로 오던 계곡물이 합쳐져 아래로 흘러내리고 있었다. 물 흐르는 소리가 얼마나 세찬지 주변의 모든 소리를 삼켜버렸다. 그런데 주변을 아무리 둘러보아도 집은 보이지 않고 양쪽으로 가파른 길만 보였다. 왼쪽으로 난 가파른 길로 오르니 바로 아래서는 볼 수 없었던 마을 풍경이 눈앞으로 마술처럼 펼쳐졌다. 워낙 높은 산 아래에 있는 마을인지라 가파른 작은 고개에 올라서야만 마을이 보이는 상황. 바로 턱밑에 있으면서도 전혀 짐작을 못한 것이다.

마당에 온갖 약초를 널어놓은 집에서 밭일을 마치고 들어오는 주인 부부를 만났다. 주인아저씨(민대호)가 손에 큼직한 수박을 들고서 집 뒤에 있다는 정자로 이끌었다. 수박에 칼을 대자마자 '쩍' 소리를 내며 두 동강이 났다. 빨간 수박 속이 어찌나 고왔던지. 냉장고의 차가운 설탕 수박보다 단맛은 덜했지만 풋풋하고 싱싱한 향기가 입안에 가득해졌다. 수박을 한입 베어 물고 정자 주변을 둘러보았다. 거대한 바위 위에 정자가 올라앉아 있었다. 큰 바위에서 내려다보는 탁 트인 풍경에 눈도 시원하고, 때마침 불어오는 바람에 가슴도 시원해졌다.

주인아저씨는 어려서 글을 깨치기도 전에 먼저 약초를 캐러 다녔을 만큼 오랫동안 지리산을 다녔다고 한다. 그러니 이 산 어지간한 곳은 모르는 데가 없다고 하셨다. 그 이야기 곳곳에서 고향을 사랑하는 마음이 뚝뚝 흘러내렸다. 평지가 많지 않은 마을이라 사람들은 약초나 산나물을 캐고, 토종벌과 흑염소를 주로

📷 유리에 반사된 또 다른 세상 보기
집 유리창에 반사된 이미지를 촬영한 사진이다. 처마 끝에 달린 풍경과 집 앞에 높다랗게 솟은 산이 어우러지는 느낌을 담고 싶었다. 그래서 유리에 반사된 풍경과 산의 모습을 보며 촬영했다. 유리가 여러 장이었던 때문인지 여러 개의 풍경이 보이는 재미있는 장면이 촬영되었다.

마을 사이를 흐르는 오봉계곡

오봉마을에 반했다는 미래의 이장님

키운다. 아저씨의 토종벌을 구경하려고 따라나섰다. 조그만 오솔길로 들어섰는데, 순간 주변에 있던 닭들이 일렬로 앞장을 서서 가기 시작했다. 그렇게 닭들의 때 아닌 호위를 받으며 벌통까지 안내를 받았다. 토종벌 벌통들 앞에 가자마자 아저씨는 양벌들과 전투를 벌이셨다. 전국 어디나 마찬가지로 이곳도 토종벌을 괴롭히는 양벌들이 골칫거리였다.

아저씨와 헤어진 뒤 건너편 마을로 가려고 가파른 길에 올랐다. 숨이 턱까지 차오를 무렵 마당이 넓은 집에 들렀다. 그런데 이런 마을에서는 보기 힘든 고등학생이 보였다. 부산에서 살았는데, 일하러 이 마을에 온 아버지를 만나러 왔다가 오봉마을 풍경에 반해버렸다고 한다. 아버지를 조르고 졸라 중학교 때 전학을 와서 수십 리 떨어진 학교까지 매일 통학했다. 고등학생이 된 지금은 학교 근처에서 자취한다는데 친구들 자랑을 늘어놓는 이 친구의 마음이 좋았다.

읍에 다녀오신 학생의 아버지는 손님에게 국수라도 대접하라며 아들을 부엌으로 보내셨다. 달그락달그락 소리가 들리나 싶더니 부엌문이 열리고 등장한 작은 상. 재료는 소박해도 청정 고추장에 비빈 비빔국수 맛은 어릴 때 집에서 먹

던 맛과 꼭 닮아 있었다. 쉬지도 않고 국수가 입안으로 빨려 들어갔다.

사격에 배드민턴, 게다가 육상선수도 했다니 재주도 많은 이 고등학생. 앞으로의 희망을 밝혔는데, 나는 놀라고 말았다. 대학 가서 열심히 공부하고 사회 생활하다가 이곳 오봉마을로 돌아오겠단다. 더 아름답고 멋진 오봉마을을 만들 수 있는 이장이 되고 싶기 때문이란다. 그 당찬 계획을 들으니 아름답다는 말밖에 떠오르질 않았다. 언젠가 다시 온다면 마을 스피커에서 울려 퍼지는 당차고 멋진 목소리를 들을지도 모른다는 기대를 품고 마을을 나왔다.

찾아가는 길　**주소** 경남 산청군 금서면 방곡리
88올림픽고속도로 함양IC 함양/지리산 방면 우측 고속도로 출구 → 함양톨게이트 → 본백삼거리에서 우측 방향 → 백천삼거리에서 거창/진주 방면으로 좌회전(하림대로) → 본통교차로에서 마천/유림 방면으로 우회전(천왕봉로) → 자연휴양림/백무동 마천 방면 좌회전(천왕봉로) → 동강마을/운서마을 방면으로 좌회전(동강길) → 세 갈래 길에서 우회전(화계오봉로) → 점촌 지나 두 갈래 길 우측 → 방곡마을 지나 갈림 길에서 좌측(화계오봉로) → 방곡교, 가현교 지나 우회전하여 약 3km

나무 마루에 앉아서 보낸 오후

논골마을

즐거운 여행 중에는 소나기를 만나는 순간마저도
잠시 쉼표를 찍는 시간이다.
허락도 없이 마루에 걸터앉은 낯선 이에게 커피를 내놓는,
속 깊은 사람을 만나는 순간이다.

봄이 무르익을 무렵, 논골로 가는 길은 산 밑 다랑이논과 벚꽃, 들꽃에 둘러싸인 꽃동산을 오르는 길이라 무척 즐겁다. 청암면에 들어가서 금남마을을 지나심답마을에 들어서자 귀여운 동물 그림들이 마을 이정표를 들고 일제히 환영인사를 건넸다. 마을에 서 있는 전신주마다 마을 이름과 함께 동물 그림이 그려져 있었다. 지나가는 내내 귀여운 그림과 마을 사람들이 떠올라 즐거웠다. 사동마을을 지나고 나면 논골마을이다.

차는 막바지 가파른 산길을 쉬지 않고 올라 드디어 언덕에 섰다. 마을 풍경을기대했지만 숲만이 눈앞에 펼쳐졌다. 포기하지 않고 작은 나무숲을 통과하니제법 널찍한 분지가 눈앞에 열리고 드디어 집들이 보였다. 들어오는 내내 길 포장이 잘되어 있긴 했지만 산길이었고, 여러 마을을 거쳐서 도착한 탓에 굉장히깊고 높은 곳까지 왔다는 느낌이 들었다.

지리산 기슭의 논골마을은 해발 549미터에 자리하고 있다. 예전부터 20여만 평의 농지가 있는, 제법 규모가 큰 마을이다. 이렇게 높은 곳에 넓은 경작지가 있으니 난리가 나도 모르게 지나갈 수 있겠구나 싶었다. 아니나 다를까, 6·25 전

봄꽃으로 치장한 논골마을 집

쟁 때 이 마을 사람 중 누구도 다치거나 죽는 일 없이 무사히 피했다 한다. 조선
시대의 예언서 『정감록』에 지리산 남쪽 기슭에 있는 피난처 중에 한 곳으로 소
개되었다고 한다.

마을에는 새로 지은 집들과 오래된 집들이 서로 어울려서 길 따라 늘어서 있었
다. 할머니 한 분이 솥에 불을 지피고 며칠간 이 산 저 산에서 캔 고사리를 삶
고 계셨다. 고사리를 하나하나 일일이 뜯는 게 보통일이 아니다. 솥으로 세 번
을 삶아야 겨우 고사리 한 근이 나온다는 말씀에 마음이 무거웠다. 그렇지만 할
머니는 연신 밝은 웃음을 터뜨리며 당신 이름 "이순이!"를 익살스럽게 소개하셨
다. 지금 이 마을에 토박이는 다섯 가구뿐이다. 예전에는 수십 가구가 살았다지
만, 열다섯 가구 중 열 가구는 외지에서 들어온 사람들이다.

다시 마을 길 따라 나서서 가장 안쪽에 있는 안골에 도착했다. 지대가 높으니
주변의 산들도 같은 높이로 보인다. 보이는 모든 곳에 꽃들이 피어 있다. 집 주
변, 깊은 산속, 도로 옆, 논두렁 어디에 눈을 두어도 온통 꽃밭이다. 잠시 조용
히 걷는 즐거움에 빠졌다. 안골까지 제법 먼 거리를 급하게 달려오느라 쌓인 피
로가 날아갔다.

다시 돌아오는 길, 도라지밭에 도라지 씨앗을 뿌리시는 할머니를 만났다. 밭에
들어서자마자 발밑으로 전해지는 흙의 느낌이 푹신하다. 어떤 씨앗을 뿌려도
건강하고 튼튼하게 자라 열매를 주렁주렁 매달게 할 건강한 흙이었다. 팔순이
넘으신 나이에 이렇게 좋은 밭을 일구고, 천천히 허리를 굽혀 한 손으로 호미질
을 하며 씨앗을 심는 할머니의 모습. 나도 모르게 절로 머리가 숙여졌다.

산 밑으로 다가가다 묶여 있는 황소 한 마리를 발견했다. 살이 찌지 않은 근육

📷 바람의 흔적을 촬영하는 법

밭 한가운데에 피어 있는 유채꽃밭을 촬영한 사진이다. 논골마을
은 높은 곳에 있는 탓에 바람이 항상 강하게 불었다. 꽃밭에도 계
속해서 불어오는 강한 바람에 꽃들이 이리저리 거칠게 흔들리고
있었다. 그래서 바람을 그대로 이용해서 꽃밭을 담기로 했다. 트
라이포드에 카메라를 고정시키고 셔터스피드를 저속으로 유지시
켰다. 화면 안에 흔들리는 꽃과 멈춰 있는 꽃을 동시에 살리고 싶
어서 스트로보를 설치해서 촬영했다. 스트로보 광원에 의해 고정
된 꽃과 흔들리는 꽃들의 모습이 동시에 표현되어 바람의 흔적을
화면에 담을 수 있었다.

봄비가 내리는 물 항아리

좌 일하는 소 뒤로 주인 할머니가 보인다. **우** 도라지 밭을 일구시는 할머니

질 몸매를 보니 요즘 보기 드물다는 일소다. 소가 울자 어디선가 할머니 한 분이 나타나 소를 풀이 더 많이 돋아난 자리로 옮겨주셨다. 신난 소가 열심히 풀을 뜯느라 목줄이 당기는 줄도 모르고 정신없이 오간다. 그 옆으로 밭에 한 가득 핀 유채꽃들이 거센 바람에 이리저리 흔들리며 노란색 궤적을 남기고 있었다. 기계를 쓰지 않고 이날까지 소를 부려 농사짓고, 모내기도 손으로 직접 한다고 하셨다. "이제 이 마을에는 우리만 농사를 짓고 있지."

밭을 나와 흙집에 들어설 무렵에 갑자기 지나가는 봄 소나기를 만났다. 주인 허락도 없이 처마 밑 마루에 걸터앉았다. 낯선 이에게 내주시는 따뜻한 커피 한 잔을 받아들고, 마루에 앉아 따뜻한 온기를 입에 머금었다. 바로 앞에 서 있는, 물이 가득 찬 항아리에 떨어지는 빗방울이 보였다. 이미 가득 찼는데도, 항아리는 떨어지는 빗방울을 밀어내는 법 없이 계속 받아들였다. 다짜고짜 들어선 이 방인에게도 아무 거리낌 없이 커피 한 잔 내주시는 속 깊은 집주인처럼. 따뜻한 나무 마루에서 엉덩이를 떼기 싫은 오후가 조용하게 지나고 있었다.

찾아가는 길 주소 경남 하동군 청암면 상이리
통영대전중부고속도로 단성IC 통영/서진주 방면 우측 고속도로 출구 → 단성톨게이트→ 단성IC삼거리에서 지리산국립공원/삼장 방면으로 우측 방향(20번 국도) → 창촌삼거리에서 하동/옥종 방면으로 좌회전(옥단로) → 쌍계사/청학동/하동 방면으로 우측 방향(호계천로) → 안양골 방면 우회전(안양로) → 청암면사무소, 등촌 → 금남마을 방향 왼쪽 도로 진입 → 심답교, 심답2교 → 심답마을 지나 삼거리에서 우회전 길

아코디언의 화음처럼 살고 싶다면
수정리

도시에 사는 이들은 때로 쉽게 말한다. "산에 들어가서 살든지 해야지."
하지만 산속 마을의 하루하루는 느슨하지도 않고 철저하게 혼자인 것도 아니다.
평생을 자연에 귀 기울이는 시간, 자연과 발맞추는 생활이 산에서의 삶이다.

겉과 속이 같고 다르고를 논할 때면 빠짐없이 등장하는 양파. 신비한 사람을 두고 '양파 같다'고도 한다. 흔히 '양파 껍질 벗기듯'이라는 표현을 쓰지만, 그 껍질의 정확한 명칭은 '비늘줄기'다. '양파는 벗기고 벗겨도 껍질이 계속 나온다'는 표현은 '비늘줄기가 연이어 겹쳐 있다'는 의미로 보는 게 더 정확하겠다. 중국요리에서는 양파의 안팎 부위를 구분하여 사용하고, 천연염색을 할 때 맨 바깥을 둘러싼 진짜 양파 껍질은 좋은 재료라 한다. 양파는 어느 부위라 할 것 없이 훌륭하다 할 수밖에.

상주 수정리가 내게는 바로 양파 같은 마을이다. 용포면에서 용포교 옆길로 들어서 조금 가니 온통 노랗게 물든 산 아래 작은 집들이 모여 있었다. 여기부터가 수정리 여정의 진정한 시작이다. 수정리는 해발 400미터에서 600미터 높이까지 길게 걸쳐 있다. 그 안에 수동·큰마·골마·중마·밖이실·안이실마을이 순서대로 나타난다.

첫 번째 마을 '큰마'에 도착하니 고소한 냄새가 주위에 맴돌았다. 냄새를 따라가니 새로 지은 축사 안에서 부부가 한쪽에 가득 쌓아놓은 들깨를 부지런히 털고 계셨다. 넓은 평지에 여러 가지 작물 재배를 하다가 이제야 미뤄두었던 깨 털기를 한다며 웃으셨다. "여기를 지나면 계속 오르막길인데, 잠깐만요…." 그러면서 손에 까만 비닐봉투를 쥐어주신다. 봉투 안에선 하나만 먹어도 배가 부를 것 같은 진한 주홍빛 감이 나왔다. 감의 고장이라 지천에 감나무가 보이긴 했는데, 외지인까지 챙겨주는 마음이 따뜻해서 저절로 배가 부르다.

말씀대로 경사진 길을 차가 오르기 시작하고, 얼마 지나지 않아 오래된 흙집들이 있는 마을이 나왔다. 온통 빈집뿐이었다. 나중에 들으니 이곳 '중마'에는 아무도 살지 않는다 한다. 양지바른 곳이라 집의 흙벽은 따스했는데…. 마을 제일 높은

📷 광각렌즈로 원근감 과장하기

감나무에 아직 수확하지 않고 주렁주렁 매달려 있는 감을 촬영한 사진이다. 나무가 열매로 꽉 차 있는 모습을 찾고 싶었다. 그래서 앵글은 아래에서 위를 올려다보며 잡았다. 광각렌즈를 이용해서 달려 있는 감들이 앞부분은 크고, 뒤로 갈수록 순차적으로 작게 보이는 원근감을 만들었다. 그 결과 나무 가득 달려 있는 감들이 더욱 풍성해 보이는 효과가 나타났다.

위 밖이실마을의 감을 상자에 담는 작업 중 **아래** 고개 너머로 사라진 길

오늘은 운이 좋았다며 할머니가 웃으셨다.
읍에 다녀오는 길에 경운기를 얻어 탄 게 이유인가 했다.
그런데 부엌일 하시는 걸 살펴보니 그것 때문만도 아니었다.
원래 잘 웃으시는 할머니가 또 꽃처럼 웃으신다.

곳에 올라 내려다보니 노랗게 물든 낙엽송과 다랑이 논이 아름답다. 사람 소리가 더해지면 좋겠다 싶을 정도로 조용한 곳. 쓸쓸한 마음으로 다시 출발한다.

차가 다시 오르막길에 올라섰다. 고도가 급하게 올라가면서 가파른 산길이 연속해서 이어졌다. 꽤 많이 왔다 싶은 순간 넓은 분지가 펼쳐졌다. 넓은 땅을 보니 높은 곳에 있다는 실감이 나질 않는다. 이곳이 '밖이실마을'이다. 앞마당에 따놓은 감을 크기대로 상자에 나눠 담는 작업이 한창이었다. 집집마다 주홍색 열매로 둘러싸여 있었다. 간혹 감이 없는 집이 어색하게 보일 정도였다. 마을 반장님을 따라 들어간 비닐하우스에는 수많은 주홍빛 곶감들이 세로로 점점이 줄을 이루어 매달려 있었다.

도착하는 마을마다 다른 모습을 보여주니 다음 마을이 궁금해졌다. 다시 차는 오르막길에 올랐다. 중간에 넓은 밭을 지나고, 다시 들어선 숲길은 걷고 싶은 마음이 들 정도로 예뻤다. 아름다운 숲길이 끝날 즈음, 수정리 가장 안쪽에 있는 안이실 마을이 나왔다. 아름다운 숲길과 산 밑에 자리한 아담한 마을이 주변 산들과 조화를 이룬 모습에 오는 길이 멀었다는 것도 금세 잊는다. 몇 집 살지 않아도 사람 사는 마을은 역시 생기가 돈다.

그중 기와지붕이 멋진 집을 방문했는데, 방금 읍에 다녀오셨다는 정옥이 할머니가 계셨다. "버스가 있는 용포까지 두 시간 넘게 내려가. 올라올 때는 원래 몇 배 더 걸리는데 오늘은 운이 좋았어. 경운기를 얻어 타고 올라왔거든." 말씀하시면서 잠시도 쉬질 않으신다. 읍에서 짜온 들기름을 찬장에 놓고, 아궁이에 불 때고, 강아지 밥 챙기고, 손님 커피 물 올리고, 다시 부엌에 가 저녁 준비하고. 틈틈이 오랜만에 온 손님이라며 날 보고 웃어주시고.

어느 것 하나 엉킴 없이 움직이시는 모습을 보니 평생 집안일 하시랴 밭일 하시랴 편히 쉴 틈도 없으셨을 것 같았다. 겨우 방에 앉으신 할머니께 조심스럽게 여쭤보았다. "언제가 제일 행복 하셨어요?" "항상 지금이 제일 행복하지." 마지막 해가 앞산을 넘어가는 가을의 평범한 저물녘이었다.

찾아가는 길   **주소** 경북 상주시 낙동면 수정리

당진상주고속도로 남상주IC 남상주 방면으로 우측 고속도로 출구 → 당진상주고속도로 남상주톨게이트 → 문경/상주 방면으로 우측 방향(3번 국도) → 경상대로 시청/경찰서 방면으로 우측 방향 → 병성천 방향 우회전 → 오흥교 방향 우회전 → 오흥교 지나 삼거리에서 좌회전 → 선상서로와 만나는 지점에서 선상 방면 우회전 → 승곡리, 용포 지나 청리 방면으로 우회전(수선로) → 갈림길에서 수정리 방향으로 좌측 수정1길

할머니 등에 업힌 뜻한 편안함
오무마을

오무마을에서 만난 할머니 등에 업힌 손자를 보던 나는
동그랗게 두 팔을 벌려 감싸 안은 모양새가
이곳 오무마을과 닮아있다는 걸 깨달았다.
땅의 넉넉한 품에 안겨 있다는 걸 깨달았다.

'오무'라는 이름이 특이해 자료를 찾아보니 '오목하다'는 뜻으로, 골이 깊어 이름 지어진 마을이다. 이곳 맑은 냇가에는 물이 많아 물고기가 많다고 한다. 예전부터 큰 난리가 나면 사람들이 숨어들 정도로 깊은 곳에 있다는 오무마을. 찾아가는 길은 앞마을인 송방마을까지만 포장이 되어 있어 이후에는 구불구불 이어진 비포장도로를 따라가야 한단다. 길 중간중간에 하천인 장수포천과 만나는 곳이 많아서 물이 많으면 갈 수 없다는 기사에 4륜구동이 필수라고 나와 있었다.

가기 전부터 자료를 통해 깊은 골짜기의 느낌을 충분히 만끽하고 출발했다. 긴장된 마음으로 수비면을 지나, 20킬로미터나 이어지는 장수포천이 흐르는 아름다운 수하계곡 길을 따라갔다. 그런데 가도 가도 마을은 나오질 않고 무성한 숲길이 계속 이어졌다. 풍경에 정신을 빼앗겨 이정표를 제대로 보지 못했나 싶어 가던 길을 멈췄다. 차를 다시 돌려 삼거리로 향했다. 다행히도 놓친 이정표는 없었고 어차피 가지 않은 길은 하나밖에 남지 않았다. 그 길로 가니 다행히 수하계곡 길을 다시 만나서 계속 올라갔다.

마침내 버스정류장이 보이고 도로가 멈췄다. 도로 옆으로 흐르는 장수포천은

꽃비가 내린 지붕

📷 깊이 있는 관찰이 좋은 사진을 만든다.

양철지붕 위에 있는 새 모양 장식을 촬영한 사진이다. 양철지붕을 많이 보아왔지만 이렇게 멋진 장식이 있는 줄 모르고 항상 지나치곤 했다. 뜻밖에 발견한 새 장식은 뒤에 있는 산과도 자연스럽게 어울렸다. 또한 보는 각도에 따라 새 모양이 다르게 보이기도 해서 신기했다. 새로운 사물의 발견은 또 다른 촬영의 즐거움을 준다.

계속 흘러가다 왕피리에서 왕피천(王避川)과 만난다. 정류장 이름을 보니 '오무'라는 글자가 선명하게 보였다. 마을에 도착했다. 몇 년 전에 마을까지 포장공사가 완료되어 길이 편해졌다고 한다. 그런데 눈을 어디에 두어도 마을이 보이지 않고, 산 사이로 난 두 갈래 길만 보였다. 오무마을은 '독산'이라는 산을 앞에 두고 안쪽 오목한 곳에 있다. 그래서 산 앞에 있는 이정표에도 '좌측 오무, 우측 오무'라고 표시되어 있다. 왼쪽으로 가도, 오른쪽으로 가도 오무라는 뜻이니 나는 왼쪽 길을 골라 들어섰다.

깊은 산속에 있는 것 같은 좁은 오르막길을 천천히 오르니 산 뒤로 듬성듬성 집이 있는 마을이 나왔다. 파란 양철지붕 집 앞에서 보니 앞산을 중심으로 오목하게 들어앉아 있는 풍경이 인상적이었다. 그중 한 집이 눈에 쏙 들었다. 지붕에 커다란 꽃을 그려놓은 집이었다. 하얀 꽃이 그려진 지붕이 아름다웠다.

마을에 있는 방앗간에 들렀다. 예전부터 많이 사용해온 이 방앗간은 읍으로 가는 데만 100리, 울진 장에 나가는 데 100리가 걸렸던 이 마을에서 중요한 곳이었다. 방앗간 주인 박옥년 할머니는 워낙 깊은 곳이라 소소한 일들은 마을에서 스스로 해결해야 했다고 들려주셨다. 옛이야기에 빠져 듣고 있는데, 옆집에서 할머니가 오셔서 두 분 사이에 실랑이가 벌어졌다. 상황을 들어보니 지난 장날 한 분은 돈을 빌린 것으로 생각하셨고, 다른 분은 사 준 일로 여겨 돈을 받지 않겠다고 하시는 거였다. 결국 옆집 할머니가 돈을 마당에 던지고 가시는 것으로 일은 마무리가 되었다. 옥신각신하시는 두 분이 꼭 소녀들처럼 보여 방앗간을 나온 뒤에도 웃음이 났다.

마을 전경을 보러 산으로 올라가려 할 때였다. 마을의 마지막 집에서 키우는 큰 개가 집 밖에 묶인 채 무시무시하게 짖어댔다. 무서워서 발이 딱 멈추고 말았다.

높은 곳에서 내려다본 오무마을은
할머니 등에 업힌 손자처럼 편안하게 산에 안겨 있었다.
이른 봄의 오무마을은 기지개를 켜며
지난겨울의 잠에서 깨어나는 중이었다.

그런데 그 집 안마당에서 강아지 한 마리가 그 소리를 듣고 나와 큰 개를 보고 '망망망' 짖었다. 놀랍게도 큰 개는 금세 조용해졌다. '마을에 온 손님한테 그러지 마!' 하기라도 한 걸까. 강아지는 놀아달라 조르며 나를 따라 산까지 왔는데, 사실은 내가 그 강아지의 안내를 받고 갔다고 해야 할 재미있는 상황이었다.

동네로 내려오니 아기 울음소리가 들렸다. 깊은 시골마을에서 아이 소리를 듣기란 흔한 일이 아니다. 소리를 쫓아 집을 찾아갔다. 인자한 할머니(임춘나)께서 베트남에서 시집왔다는 두 며느리와 손자 둘을 보느라 볕이 드는 따뜻한 마루에 계셨다. 두 아들이 늦은 결혼으로 얻은 귀여운 손자들을 보는 할머니의 눈빛이 사랑으로 가득했다. 그런데 큰 아이가 나를 보자 기분이 좋지 않았는지 할머니에게 투정을 부리기 시작해서 난감했다. 아이들이 안경 쓰고 모자 쓴 아저씨를 싫어한다던데 그날 내 복장이 딱 그랬다. 할머니도 손님 보기 민망하셨는지 칭얼대는 손자를 등에 업더니 집 앞으로 나가셨다. 그리고는 어미 오골계가 어린 오골계들을 끌고 밭에서 이리저리 먹이 구하러 다니는 모양을 흐뭇하게 보셨다. 아이를 보면서 손을 흔들었지만, 아이는 반대편으로 고개를 홱 돌렸다. 역시 아이들은 모자 쓰고 안경 쓴 아저씨를 싫어한다는 이야기가 맞았나 보다.

나는 손자가 부러워졌다. 할머니 등에 업혀 있는 그 편안한 자세를 보고 있자니 봄 햇살이 눈앞으로 따뜻하게 쏟아지는 느낌일까 싶었다. 할머니가 손자를 업고 계신 품이 마을의 생김새를 닮아 있었다. 동그랗게 두 팔을 벌려 사람들을 업고 있는 모양이 아까부터 할머니 등에 업힌 손자를 눈여겨보게 한 이유였다. 오무마을 사람들은 그래서 오늘도 등에 업힌 손자처럼 편안한 저녁을 맞이하나 보다.

찾아가는 길　**주소** 경북 영양군 수비면 수하3리

중앙고속도로 풍기IC 풍기/북영주 방면 우측 고속도로 출구 → 중앙고속도로 풍기톨게이트 → 북영주/풍기/봉화 방면으로 우측 방향(931번 지방도) → 봉현교차로에서 소백산국립공원/제천/봉화/영주 방면으로 좌회전(5번 국도) → 신전교차로에서 좌회전 → 가흥삼거리 직진 → 서부삼거리, 서부사거리 직진 → 서천교사거리 우회전(선비로) → 옥천삼거리에서 태백/울진/현동 방면 좌회전(소천로) → 광해2리 방면 우측 방향(남회룡로) → 남회룡삼거리에서 평해/영양 방면 좌회전(낙동정맥로) → 신암교 지나 영양 반딧불이 천문대 방향 길 좌측 진입 → 수하계곡 지나 송방 방향 좌회전

Part 4

철길 위에서

과거를

만나다

산들바람이 부는 저물녘
장항선 임피역

신나게 뛰놀던 아이들이 사라진 철길 옆 빈 의자.
그 의자에 홀로 앉아 철길 뒤로 지는 붉은 노을을 오롯이 감상했다.
노을빛 물든 땅 위로 저녁 산들바람이 불고 있었다.

100년. 평균수명이 늘어났다는 오늘날에도 운 좋은 사람만이 누릴 수 있는 시간이다. 100년 이상 된 국내의 기업은 겨우 두 손가락으로 꼽을 정도다. 100년 넘게 남아 있는 건물도 몇 개 되지 않는다. 그런 우리나라에 오랜 시간을 견디면서 처음 지어졌던 당시의 모습 그대로 남아 있는 기차역이 있다. 바로 장항선 임피역이다. 노랗게 익어가는, 끝이 보이지 않는 넓은 들판 위에 임피역이 서 있다.

이곳은 1925년 준공된 서울역보다도 13년 앞선 1912년에 세워졌다. 오랜 세월 동안 커다란 사고 없이 역사가 원형 그대로 유지되어온 것이 다행스럽지만, 이 드넓은 들판에 세워진 기차역의 운명은 그리 순탄치 않았다. 일제강점기에 임피역이 속했던 군산선은 일본 수탈사의 뼈아픈 증거다. 군산항에서 전라북도의 농산물을 일본으로 반출하는 주요 교통로였던 것. 다만 지금까지 남아 있는 역사적 건물이 그리 많지 않은 우리나라에서 임피역은 존재 자체로도 그저 장하다는 말밖에 나오지 않는다.

노랗게 물든 들판을 달려 노란 융단 위에 올라앉아 있는 역사 앞에 섰다. 시골 역답게 작고 아담했지만 전성기 때 많은 사람들이 이용했던 곳인지라 역전 광장이 제법 넓었다. 반겨주신 역무원 양선재 씨의 안내로 일제강점기 때부터 있었다는 철재 금고와 역 창고, 역에서 사용했던 옛날 도구들을 감상했다. 일하는 시간을 방해한 것 같아 서둘러 역을 나오려 했을 때였다. 역무원은 임피역이 사라질지도 모른다는 사실을 전하며 서운함을 넌지시 표현했다. 임피역이 사라질 수도 있다는 안타까움이 고스란히 전해졌다. 그러더니 사무실 책상에서 뭔가를 서둘러 찾아서 내게 내미셨다. 해가 지난 코레일 달력이었다. 지난 달력은 왜 주시나 하며 한 장 한 장 넘겨보니 '은하철도 999'를 비롯한 각종 기차 관련 그

📷 망원렌즈 활용하기

역무원이 없는 기차 건널목에는 안전을 위한 다양한 안전 신호판들이 세워진다. 기차 건널목에 표지판, 반사경, 차단기, 신호등이 옹기종기 모여 있었다. 200mm 망원렌즈를 통해서 따로 떨어져 있는 설치물들이 다 같이 보이는 위치를 찾아내서 한 화면에 표현했다.

위 문화재로 지정된 임피역 건물 **아래** 역 앞의 오래된 이발소

림들이 가득했다. 역에 대한 자부심과 앞으로의 미래에 대한 아쉬움 모두를 품고 계신 분이 간직하고 있던 달력이라 그 마음이 더 고마웠다.

감사 인사를 드리고 철길 옆을 조금 걸어나가자 끝없이 펼쳐진 논이 보였다. 추수가 시작되기 전의 논이 대다수여서 빠진 부분 없이 벼가 촘촘히 깔려 있는 모습이 노란색 융단 같았다. 군산에서 들어오는 기차가 저 멀리 보였다. 논 사이로 몸을 낮추고 앉아서 달려오는 기차를 보니 논 위를 달리는 듯 보였다. 기차는 노란색 물결에 휘감긴 채 역 광장으로 나아갔다.

시간의 흔적이 역 안에서만 느껴지는 건 아니었다. 역 앞에도 시간이 멈춘 듯 옛 풍경이 고스란히 남아 있었다. 오래된 상점들이 있는 나지막한 건물 사이로 붉게 칠해진 건물이 도드라져 보여 들어갔는데 정미소였다. 그 내부 모습이 다른 정미소들과 달랐다. 건물을 지탱하고 있는 실내의 나무 받침들이 어찌나 정교한지 어디 한 군데 빈틈이 없었다. 지은 지 60년이 넘었는데도 튼튼하다며 주인이신 최재원 할아버지(72세)가 자랑스러워하셨다. 옛날 호남·김제 평야에서 거둔 엄청난 양의 쌀들이 이 집을 거쳐 갔다니 그 규모와 위세가 어마어마했을

노을 속에서 달려오는 기차

것이다.

정미소를 나오자 커다랗게 검정 글씨가 적힌 간판이 눈에 띄었다. '신생이용원'. 오래된 건물의 문을 열고 들어가자 50년 넘게 이곳에서 이발을 해오셨다는 조남림 할아버지(74세)가 일을 하고 계셨다. 할아버지의 손에는 면도기가 쥐어져 있었고, 면도를 기다리며 눈감고 있는 손님의 표정이 평온해 보였다. 가게 안은 온통 옛 시간의 흔적이었다. 가위, 물통, 타일 세면대, 난로, 면도기, 의자… 그리고 할아버지를 기다리는 오랜 단골손님까지. 가게 안 모든 것이 할아버지의 오래된 손목시계처럼 듬직하게 느껴졌다.

짧은 시간 탐험을 끝내고 다시 역 앞으로 나갔다. 늦은 오후의 임피역 앞은 동네 사람들과 학교에서 돌아온 아이들의 놀이터였다. 강아지를 데리고 놀던 아이들은 자연스럽게 역 안으로 들어갔다. 그리고 기찻길 옆 의자에 앉아 오늘 있었던 신나는 일들을 서로 먼저 말하느라 소란스러웠다. 그러다가도 달려오는 기차를 보면 신나게 손을 흔들고, 역을 나서는 낯선 여객 손님들에게도 인사하고는 또 다시 왁자지껄 떠들었다. 그 사이에 해는 산 뒤로 넘어가고 있었다.

아이들이 떠난 역은 이내 고요해졌다. 나는 빈 벤치에 앉았다. 노을이 철길 뒤로 펼쳐졌다. 나무들 사이로 곧게 뻗은 철길 뒤로 붉게 물든 노을을 보고 있는데, 머리를 스치는 바람과 함께 귀 뒤로 노래가 흘렀다. 오페라 〈피가로의 결혼〉의 아리아 〈편지의 이중창〉. '저녁 산들바람에 노래를 실어. 아, 산들바람이 오늘 저녁 부는구나.' 그 순간이 지나자 남은 어둠과 적막함을 뚫고 한줄기 강한 빛이 역으로 달려오고 있었다.(임피역은 2008년 새마을호 운행이 중지되면서 여객 업무를 하지 않고 있다. 역사는 등록문화재로 지정되어 현재 새 역사로 단장함과 동시에 테마공원으로 조성되고 있다.)

찾아가는 길 주소 전북 군산시 임피면 술산리 222-127번지
서해안고속도로 동군산IC 전주/익산/동군산 방면 우측 고속도로 출구 → 동군산톨게이트 → 대야교차로
에서 익산 방면 우측 방향(26번 국도) → 호원대삼거리에서 좌회전(탑천로) → 계산삼거리에서 임피/임피
역 방면으로 좌회전(서원석곡로) → 약 400m 지나 도착

간절히 원하면 얻게 된다
영동선 하고사리역

하고사리역은 행복하다.
사람들의 사랑을 이렇게 많이 받은 역이 세상에 또 있을까.
마을 사람들의 간절한 마음이 없던 역 건물을 만들고, 철거될 역사를 지켜냈다.
이들 덕에 지금 하고사리역은 등록문화재로 남았다.

소박하고 귀여운 하고사리역 알림판

하고사리역의 이야기를 알기 전까지 기차역은 철도공사에서만 짓는 줄 알았다.
그런데 마을 사람들이 직접 기차역을 지어 기차를 정차시킨 역이 있다. 강릉과
영주를 잇는 영동선에 있는 하고사리역이다. 삼척을 지나 들어선 고사리마을.
옹기종기 모여앉은 집들 사이를 지나자 언덕에 선 커다란 버드나무 가지 사이
로 자그마한 역이 보였다. 커다란 버드나무 아래 평상에 먼저 자리 잡고 계시던
마을 사람들과 인사를 나누며 평상에 앉으니 버드나무 가지를 이리저리 흔들며
시원한 바람이 불어왔다. 작고 아담한 역사를 보니 평상 끝에 손바닥만 한 나무
판자가 세워져 있었다. 선명한 빨간 글씨로 '하고사리역'이라고 적혀 있다. 다른
역에서는 볼 수 없는 이 간판이 귀여운 역과 잘 어울렸다.
간판과 역 건물을 번갈아 보고 있는데 옆에 앉았던 마을 아저씨가 이 역의 역사
를 들려주셨다. 일제강점기 때 삼척 일대는 석탄을 나르기 위한 기차와 기차역
만을 중요히 여겼지 정작 사람을 위한 역은 계획에도 없었다. 당시 고사리마을
에 역이 있었는데, 버스정류장처럼 건물도 없는 초라한 역이었다 한다.
그러다가 1960년대에 들어서면서 고사리마을에 큰 변화가 생겼다. 근처에 도계

읍이 생기면서 이곳에 있던 면사무소와 해당 관청들이 그쪽으로 옮겨갔다. 더군다나 역의 위치도 석탄을 싣기 편한 곳으로 옮겨가게 되었다. 생활의 중심이었던 것들을 모두 잃게 된 고사리마을 사람들은 기차역만이라도 지켜야겠다는 의지를 굳혔다. 급기야 역 근처의 6개 마을 주민들이 순번을 정해 건축자재들을 지게로 나르면서 역 건물을 짓게 되었다.

그렇지만 역을 지키는 일은 쉽지 않았다. 석탄 운반을 위해 다음 역에는 정차하지만, 이 역에는 정차하지 않는다는 발표가 난 것. 고사리마을 사람들은 단체로 철로를 막고 철길에 눕는 등 눈물겨운 노력을 이어나갔다. 결국 1967년 간이역 영업을 공식적으로 인정받았고, 마을 사람들이 그토록 원하던 역이 생겼다. 그런데 이번에는 이름이 문제였다. 늑구리에 세워진 역이 '고사리역'이라는 이름을 먼저 사용하고 있었던 것. 어쩔 수 없이 고사리마을에 있는 이 역은 그 아래쪽에 있다 해서 '하고사리역'이 되었다.

마을 주민이 승차권 판매 업무까지 하면서 본격적인 역 운영을 하며 어느덧 40여 년의 세월이 흘렀다. 그런데 2006년에 하고사리역에 다시 위기가 왔다. 낡은 역 건물을 고쳐달라고 의뢰를 했는데, 마을로 들어온 중장비 기계들이 철거를 위해 왔다는 놀라운 사실을 알게 된 것이다. 하필이면 마을의 조상들을 기리는 마을 제사가 있던 날이었다. 결국 온 마을 사람들이 포크레인 앞을 가로막고 힘을 합해 철거를 막았다. 이렇게 해서 하고사리역은 꿋꿋하게 살아남았고, 여객 인원이 줄어 여객업무를 중지한 2007년 6월 1일까지 하고사리역에서 수많은 사람들이 기차를 타고 내렸다.

격동의 세월을 보낸 하고사리역은 이제 새로운 시간을 보내고 있다. 이 역을 지켜준 마을 사람들의 정성 덕분인지 2007년 7월 등록문화재로 지정된 것. 이제

📷 렌즈로 보는 또 하나의 세상

논에서 자라고 있는 어린모를 촬영했다. 논을 가득 채운 물이 어린모들과 어울렸다. 렌즈를 통해서 보니 또 다른 세상이 보였다. 물속 깊이 초점이 맞춰지면서 앞에 있던 산이 물속에 그대로 반사되어 보였다. 그 덕에 맨눈으로 보이지 않던 물에 반사된 산과 전봇대를 촬영할 수 있었다.

거대한 산 아래 작지만 단단한 하고사리역이 있다.
그 옆으로 1967년 역이 첫 업무를 시작할 때 심었다는
수양버들이 어른 10명을 그늘에 품을 만큼 훌쩍 자라서
연신 바람에 흔들리며 춤을 추고 있었다.

는 영원히 고사리마을과 함께하게 된 것이다. 아저씨께 파란만장한 역의 일대기를 듣느라 시간 가는 줄 몰랐다. 다 듣고 나니 혹시나 싶어 역과 어떤 관계인지 여쭤봤다. 역시나 하고사리역에서 첫 승차권을 대매하던 분(이덕영 63세)이셨다. 한때는 하고사리역의 하루 이용객이 400~500명이나 되는 날도 있었다며 그 뒤 업무를 이어받으셨던 이순봉 아저씨(64세)와 함께 역의 화려했던 날을 자랑하셨다.

하고사리역으로 갔다. 열 평도 되지 않는 작은 역사에는 세월의 흔적이 여기저기 남아 있었다. 유리창이 없는 창문 덕분에 마을이 바로 내려다보였다. 철길과 거리가 가까워 이따금씩 지나가는 기차 소리가 더 크게 울렸다. 역사에 앉아 있는데 마을 어른들이 철길을 넘어 축사가 있는 곳으로 모여들었다. 나도 초대를 받아 따라갔더니 마을 안에 있는 소 축사를 철길 옆으로 옮겨 지은 기념 잔치가 벌어지고 있었다. 숯불 위에서 삼겹살이 지글지글 익으며 구수한 냄새를 풍겼다. 새집으로 이사 온 걸 축하하며 챙겨주시는 음식을 먹었다.

다시 철길을 넘어 역이 잘 내려다보이는 마을 입구 버스정류장으로 갔다. 모내기를 끝낸 논에는 어린 벼들이 바람에 이리저리 날렸다. 그리고 1967년 역이 첫 업무를 시작할 때 심었다는 수양버들이 어른 10명을 그늘에 품을 만큼 훌쩍 자라서 연신 바람에 흔들리며 춤을 추고 있었다. 그 옆으로 거대한 산 아래 작지만 단단하고 크게 느껴지는 하고사리역이 보였다. 강렬한 존재감을 보이는 역이다. 역과 주변을 보고 있으려니 잔치를 끝낸 마을 분들의 즐거운 목소리가 철길을 넘어오고 있었다.(하고사리역은 2007년 6월 여객업무가 중단된 뒤 등록문화재로 지정되었다. 역 건물은 보존되고 있지만 대대적인 건물 수리로 옛날 모습이 사라져서 안타까운 마음이 든다.)

찾아가는 길　주소 강원도 삼척시 도계읍 고사리
동해고속도로 동해IC 동해/삼척 방면 → 동해톨게이트 → 동해IC 삼척방면으로 우측 방향(7번 국도) →
단봉삼거리에서 태백 방면으로 우측 방향(38번 국도) → 도경교차로 지나 강원남부로 → 고사리 방면으로
우회전(소달길) → 약 200m 지나 우회전(소달길) → 도착

떠나는 기차의 뒷모습도 아름다운 그 역

경전선 다솔사역

다솔사역에서는 떠나는 기차마저도 아름답게 보인다.
앞모습이 예쁜 사람 만나기보다 더 어려운 것은 뒷모습이 아름다운 사람을 만나는 것.
뒷모습이 아름다운 사람은 헤어지는 아쉬움까지도 행복으로 만든다

수 년 전 KBS에서 간이역을 주제로 한 다큐멘터리가 방송된 적이 있다. 전국의 간이역들을 잔잔하게 화면에 담아내서 보는 이들을 아련한 향수에 젖게 했다. 그때 엔딩 화면으로 나왔던 장면이 특별히 기억에 남는다. 저 멀리 나무 사이로 난 철길을 따라 사라지는 기차의 모습이 인상적인 풍경이었다. 방송을 보며 어느 역인지 몹시도 궁금해하다가 경전선에 있는 간이역이라는 말을 듣고 길을 나섰다.

경전선은 영남 지역과 호남 지역을 연결하는 유일한 철도 노선이다. 2시간이면 서울에서 부산 간 거리를 시속 300킬로미터의 KTX로 가는 세상이지만 경전선은 다르다. 시속 40킬로미터를 넘지 않는 속도로 전체 구간에 있는 40여 개나 되는 역을 5시간 넘게 걸려 달리는 느긋한 길이다. 철길이 지나는 곳의 경사가 심하고 곡선 구간도 많다. 게다가 철로가 단선인지라 매번 반대편에서 오는 기차를 보내고 다시 출발해야 한다. 바쁜 세상에 참 느리기도 하다고 안타까워할 수도 있겠지만, 이 기찻길은 내내 마을과 산과 들과 손이라도 마주잡은 듯 가까이 달리며 아름다운 풍경을 선사하는 길이기도 하다.

그 아름다운 철길에 다솔사역이 있다. 역에서 몇 킬로미터 떨어진 곳에 신라시대 때 건립된 절 다솔사가 있는데, 그 이름을 따온 역이다. 간이역이고 무배치 역이라는 건 알고 도착했지만 이렇게 소박한 모습일 줄은 몰랐다. 이제껏 봤던 역 건물과는 다른 모습이다. 빨간 벽돌로 만든 소박한 작은 역사가 승강장 앞에 있었다. 무배치 간이역이 되면서 원래 있던 역사가 헐리고, 손님들이 기다릴 장소로 이 조그마한 공간이 만들어졌다.

겨울 날씨답지 않게 포근한 오후. 기차 소리도, 사람 소리도 들리지 않는 고요

📷 평범한 창문을 사진 프레임으로 만들기
다솔사역 벤치에 앉아있으면 좌우에 뚫린 아치형의 창문으로 역으로 들어오는 기차를 볼 수 있다. 다른 배경은 배제하고 오로지 창문과 기차만 화면에 담아서 역으로 들어오는 기차에 보는 이의 시선이 집중되도록 했다.

한밤중 열차는 다솔사역에 멈추지 않고 내달렸다.
굉음과 함께 달리는 기차를 탄 사람들은 알고 있을까.
여기 아주 작은 역이 내일 새벽 첫차 탈 손님을
밤새 한마음으로 기다리고 있다는 것을.

한 역 벤치에 앉았다. 이렇게 조용한 역에서라면 잠시 앉아만 있어도 온갖 복잡한 마음과 괴로웠던 어제의 일들이 몸에서 떨어져나갈 것만 같았다. 벤치에 앉아 옆에 있는 작은 창을 들여다보자 승강장 끝나는 지점에 나무 한 그루가 서 있는 게 보였다.

가까이 다가가 보니 동그란 모양으로 다듬어진 나무가 '정지'라고 적힌 빨간색 동그란 간판, 경운기와 나란히 서 있었다. 나무가 오가는 손님들에게 가지를 흔들며 인사라도 건넬 것 같은 동화적인 풍경이었다. "안녕히 가세요. 또 오셔야 해요." "다솔사역에 오신 걸 두 손 들어 환영합니다." 또한 역에는 오래된 역 명판이 세워져 있었다. 명판에는 손으로 정성스럽게 쓴 글씨가 적혀 있었다. 한글, 한문, 영문으로 이름이 적혀 있었는데 'Tasolsa'라는 영문 글씨가 인상적이었다. 이것으로 역 안의 풍경은 다 보았다. 작은 역사, 나무, 정지 간판, 가로등, 경운기, 철길, 오래된 역의 명판까지.

다솔사역 앞에는 원전마을이 있다. 마을에 갔을 때는 조합장 선거일이라 마을이 텅 비어 있었다. 그런데 먹는 것부터 생필품까지 없는 게 없는 만물상 트럭

역 명판에 매달린 물방울에 비친 아침 햇살

이 마을에 들어왔다. 트럭은 확성기로 쩌렁쩌렁 울리도록 광고를 했지만 나오는 사람은 없었다. 결국 트럭이 그냥 가 버리고도 한참 뒤에야 선거를 마친 어르신들이 한 분 두 분 마을로 돌아오셨다.

역과 친숙해지고 나니 이번에는 다솔사가 어떤 절인지 궁금해졌다. 역에서 6킬로미터 정도 떨어져 있는 다솔사는 봉명산 군립공원에 있다. 절 입구에는 오래된 소나무들이 늘어서 있었다. 수령이 오래된 나무들이 뿜어내는 진한 솔향기 가득한 길을 따라 절에 들어섰다. 이 작은 사찰에는 만해 한용운 선생님이 한동안 기거하며 공부하셨고, 소설가 김동리 선생님의 유명한 단편소설 「등신불」의 씨앗을 만해 선생으로부터 듣고 가슴에 품은 곳이기도 하다.

솔향기에 취해 산을 내려오고, 다음날 다시 역으로 갔다. 짙은 어둠이 서서히 푸른 빛깔을 띠면서 변해가는 하늘 아래로 형광등이 켜져 있는 작은 역이 보였다. 첫차를 기다리는 할머니가 서 계셨다. 첫 기차는 정확한 시간에 들어와 정차했다가 할머니를 태우고 다시 출발했다. 저 멀리 옅게 안개 낀 나무들 사이로 기차가 뒷모습을 보이며 사라졌다.

텔레비전 프로그램에서 여러 번이나 보았는데도 실제로 보니 더 깊은 감동이 전해졌다. 기차가 사라진 뒤에도 한참을 그냥 서서 보았다. 철길 옆으로 오랜 세월을 역과 지내온 늙은 벚나무들이 보였다. 벚꽃이 한창일 때 왔으면 얼마나 좋았을까 싶은 마음이 저절로 일어날 정도로 커다란 나무들이었다. 철길을 따라 늘어서 있는 나무에 벚꽃이 흐드러지게 피었을 때 그 사이로 달려오는 기차를 그려보았다. 옅은 분홍빛 벚꽃이 점점이 흩날리는 봄날, 역으로 들어올 기차가 몹시도 보고 싶어졌다. 벚꽃이 화려하게 필 그 봄날까지 차분하게 기다려야겠다.(다솔사역은 2007년부터 여객업무가 중단되었다.)

찾아가는 길　주소 경남 사천시 곤명면 봉계리

통영대전중부고속도로 서진주IC에서 서진주 방면으로 우측 고속도로 출구 → 서진주톨게이트 → 교육대학교/운동장/신안광장 방면으로 우회전(신안로) → 신안광장오거리에서 하동/KBS 방면으로 우측 방향(신안로) → 하동/진양호/평거동 신안동 방면으로 우측 방향 → 희망교차로에서 사천/하동/내동면 방면으로 좌회전(순환로) → 희망교 건너 사천/하동/내동 방면으로 우측 방향(2번 국도) → 봉계교차로에서 곤양/곤양IC/곤명 방면으로 우측 방향 370m → 갈림길에서 곤양/곤양IC/곤명 방면으로 우측 → 원전교차로 지나 다솔교 방향으로 좌회전하여 150m 지나 도착

엄마야 누나야, 강변의 역으로 가자
전라선 압록역

섬진강에 기대어 있는 압록역은 강 풍경이 곱다.
봄에는 산수유와 벚꽃이 피고, 밤이면 강 안개가 역을 감싸 안는다.
나그네의 마음도 따라서 푸근해진다.

누군가를 위해 뭔가 줄 수 있다는 것이 삶에 얼마나 큰 보람이 되는지 받기만 했던 사람은 알 수 없을 것이다. 오랜 세월 동안 사람들을 위해 아낌없이 주기만 해온 강이 있다. 바로 섬진강이다. 아름다운 섬진강은 진안에서 출발해 섬진강 댐에 잠시 머물렀다가 곡성을 거쳐 보성강과 만나고 구례, 하동을 지나 광양을 거쳐 남해 바다로 흘러 들어간다.

전라도의 내륙을 휘감아 내려오는 섬진강과 함께 나란히 내려오는 철도선이 전라선이다. 전라선은 전라북도 익산역과 전라남도 여수역을 연결하는 노선이다. 특히 곡성에서 구례로 이어지는 철길은 강의 아름다운 풍경을 바로 가까이서 볼 수 있는 아름다운 코스 중 하나다. 섬진강이 보성강과 만나기 직전의 자리에, 우리나라에서 가장 아름다운 강변역인 압록역이 있다. 행정구역상으로는 전남 곡성군 오곡면 압록리다. 이 마을 이름은 원래 두 강의 푸른 물이 합류한다는 뜻의 '합록(合綠)'이었다 한다. 그 뒤로 오리과 철새들이 많이 날아든다고 해서 '합'자를 오리 '압(鴨)' 자로 고쳐서 지금의 이름이 되었다.

강가를 따라 벚나무 길을 보니 봄 벚꽃이 그리워졌다. 꽃구경을 하는 때도 아닌데, 저녁 무렵에야 역에 도착했다. 역에 들어서자마자 드라마 촬영지였음을 알리는 간판이 보인다. 1990년대 '귀가시계'로 불렸던 인기 드라마 〈모래시계〉 촬영지였단다. 정동진역에 '고현정 소나무'가 있다면, 이곳 압록역에는 '김영애 소나무'가 있다. 태수의 엄마가 철로에 뛰어들어 자살하기 전 하염없이 바라보았던 소나무가 압록역에 있었다. 역은 제법 컸는데, 여객 수송 업무가 줄어든 탓인지 따뜻한 봄날 저녁임에도 스산했다.

다음날 새벽 봄비가 솔솔 내려앉은 역으로 향했다. 역이 내려다보이는 육교에

📷 *밝을 땐 밝게, 어두울 땐 어둡게*

안개 낀 기차역을 내려다보며 기차 두 대가 서로 교차하는 순간을 기다렸다가 촬영했다. 안개 낀 날, 라이트를 밝히며 역에 들어오는 기차를 촬영하려면 노출보다 빛의 양을 줄여야 한다. 그러면 안개 낀 풍경과 라이트를 켜고 달리는 기차를 분위기 있게 표현할 수 있다.

올라서서 보니 역 주변이 내리는 봄비와 피어오른 안개에 휩싸여 있었다. 바로
그때, 뒤덮인 안개 속에서 희미한 불빛이 점점 커지기 시작했다. 우주를 여행하
던 '은하철도 999'가 안개를 뚫고 마지막 정거장으로 들어오는 것만 같은 몽환
적인 풍경이었다. 역으로 들어온 불빛은 금방 꺼지나 싶더니 다시 더 환하게 밝
아지면서 육교 밑으로 빨려 들어갔다.

멀어지는 기차를 보고 있는데, 육교 위 기둥에 묶여 있는 의자 하나가 보였다.
의자는 오는 기차와 가는 기차를 동시에 볼 수 있도록 딱 적당한 위치에 있었
다. 누구나 육교에 올라와 앉아서 기차도 보고, 지나가던 동네 사람들과 이야기
도 나누고, 하늘도 보고 책도 볼 수 있는 의자. 쓸모가 많아 보이는 의자다. 다
리도 슬슬 아파오던 차라 냉큼 의자에 앉아 잠시나마 주인이 되었다.

육교에서 내려와 압록 버스정류장에서 할머니를 만났다. 오늘은 장이 서는 날
이라며 버스를 기다리고 계셨다. 곧이어 버스가 들어오자 정류장 앞 슈퍼 아주
머니가 박스를 들고 버스 문앞으로 나오셨다. 박스에는 버스회수권이 들어 있
었다. 이곳에선 아직도 회수권이 사용되고 있어 표를 주고받으며 정답게 인사

안개 낀 새벽, 첫차는 어김없이 안개를 뚫고 뻗어나간다.

좌 육교 위에 놓인 의자 우 다양한 버스회수권

를 건넬 수 있었다.

색색의 회수권과 버스를 배웅하고 마을로 걸어 들어가다가 경로당 표지판이 붙어 있는 건물을 만났다. 마을 어르신들로부터 압록역과 강 이야기를 들었다. 1960년대 압록역은 강 주변에서 벌목된 나무들의 집결지였다. 온갖 운송수단을 통해 이곳에 모여든 나무들은 이곳에서 기차에 실려 서울로 팔려갔단다. 그리고 1970년대에는 역 앞의 강가에 금빛을 뽐내던 백사장의 강모래들도 모두 기차에 실려 서울로 올라갔다고 하시며 안타까워하셨다.

무거운 마음도 달랠 겸 마을과 역이 한눈에 내려다보이는 곳을 찾아 산으로 올라갔다. 내려다보니 압록역이 왜 우리나라에서 가장 예쁜 강변역이란 칭송을 받는지 대번에 알 수 있었다. 샛노란 산수유 꽃들 사이로 어우러져 보이는 역과 섬진강이 그림 같이 환하게 빛났다. 벚꽃이 피었을 때 온다면 또 다른 풍경이 아름답게 펼쳐지리라. 무겁던 마음은 흐르는 섬진강을 따라 같이 흘러내려가고 아름다운 압록역의 풍광만이 남아 있었다.(2008년 12월 여객 취급 중지)

찾아가는 길 주소 전남 곡성군 오곡면 덕산리 1

순천완주고속도로 황전IC 우측 고속도로 출구 → 황전톨게이트 → 황전IC에서 좌회전(섬진강로) → 지하차도(섬진강로) → 약 9.6km 지나 구례구역, 압록교 건너 압록역 도착

가장 높은 곳에서, 누구보다 활기차게
태백선 추전역

추전역은 한여름을 제외하고 일 년 내내 연탄불이
역무원들과 함께한다. 여객 업무가 없어 오가는 손님도 없이
무연탄 운송만 하는 추전역 사람들의 마음을
연탄난로가 훈훈하게 덥혀준다.

철로는 자기가 놓인 자리가 높은 곳이든 낮은 곳이든 개의치 않고 묵묵히 제 일을 한다. 곧게 뻗은 자리나 곡선으로 휘도는 자리에서나 한결같이 두 줄로 뻗어서 기차가 가는 길을 열어준다. 최상의 팀워크를 자랑하는 두 줄기 콤비, 철길은 한 세기가 넘는 동안 우리나라 곳곳을 누비고 있다.

우리나라에서 가장 낮은 곳에 위치한 역은 서울에 있다. 높은 빌딩이 즐비하게 들어선 여의도에 있는 여의나루역이다. 이곳은 해발보다 27.55미터나 더 낮다. 반대로 가장 높은 곳에 있는 역은 1000미터의 키를 자랑하는 높은 산들로 둘러싸인 산속에 있다. 1500미터가 넘는 태백 함백산 중턱 해발 855미터에 자리한 추전역이다.

'추전'을 순수한 우리말로 풀이하면 '싸리밭'이다. 싸리밭이 무성한 언덕에 들어선 역이라고 해서 추전역이라는 이름으로 불리게 되었다. 충청북도 제천역에서 강원도 백산역까지 연결되는 태백선은 풍부한 지하자원·산림자원 활용과 낙후된 지역 개발을 위해 건설되었다. 험준한 산악지역과 태백산맥을 달리는 철길인 만큼 61개나 되는 다리와 49개나 되는 터널을 지나게 되어 있다. 태백선의 추전역은 무연탄 운송을 위해서 지어졌다.

태백으로 넘어가는 길을 내려오면서 역 간판을 발견하고도 언덕길을 돌고 돌아간 끝에, 추전역 앞에 세워진 역 이름을 새겨 넣은 커다란 돌 앞에 섰다. '855'. 돌에 새겨진 숫자를 보고 있는데 온몸이 오싹하게 추웠다. 해가 떨어져 사방이 어두워진 늦은 밤이었지만, 추전역에서는 역무원들이 한창 일을 하고 있었다. 문을 열고 들어가자 일하던 중에도 반갑게 맞아주시고 따뜻한 차 한 잔까지 권해주셨다. 산업자원을 운송하는 특수한 업무가 진행되는 역인만큼 업무가 24시

📷 *빛으로 사진에 온도를 담아내기*

추전역 대기실에서 밖을 내다보다가 촬영한 사진이다. 너무 추운 날이라 역에 도착한 내내 따뜻한 분위기가 그리웠다. 역 사무실에 있는 난로는 너무 흔한 소재라 통과, 창으로 들어오는 햇빛에 시선이 고정되었다. 해가 들어오는 창에 꽃동산이 나타나고 있었다. 유리창에 붙여 놓았던 꽃무늬 시트지에 햇볕이 닿자마자 꽃무늬가 환하게 빛났던 것. 순간적으로 역무원까지 창에 보이자 밝은 느낌을 주는 사람과 꽃을 한 화면에 담을 수 있었다.

추전역은 국내에서 해발고도가 가장 높은 곳에 있는 역이다.

간 진행되고, 역무원들은 교대로 근무를 하고 있었다. 야간근무를 방해하는 것 같아 다음날 아침 다시 역을 찾기로 했다.

그렇게 다음날, 차가운 새벽의 역무원실 문을 열고 들어갔다. 어제도 무사히 업무를 마친 역무원들이 환한 인사로 맞아주셨다. 근무 교대 시간이 되어 다른 역무원 분들도 출근하셨는데, 서로 반갑게 인사를 나누자마자 업무 교대가 시작되었다. 근무자들만 있고 오가는 승객은 없는 특수한 환경이라 힘이 빠질 듯도 한데, 밤 근무로 수고한 동료와 앞으로 근무할 동료가 서로에게 즐거운 인사말을 건네는 따뜻한 사무실이었다.

그중에 한 역무원이 사무실 중앙에 자리한 무쇠 연탄난로를 살피며 연탄불을 갈고 있었다. 추전역은 연평균기온이 남한의 기차역 가운데 가장 낮고 적설량도 가장 많은 곳에 있어서 한여름인 6월부터 8월까지를 제외하고는 내내 난로를 피워야 하는 곳이라고 한다. 투박한 연탄불에 은은히 올라오는 열기가 따뜻해 차가운 새벽바람에 얼었던 마음이 따뜻해졌다. 사무실 창에 겨울 햇살이 들어오자마자 기다렸다는 듯 난로에 올려둔 물주전자에서도 김이 피어올랐다. 다

탄 연탄을 들고 나가는 역무원의 뒤를 따라갔다. 가지런히 쌓여 있는 연탄재들 옆으로 눈금이 그어진 통나무가 세워져 있었다. 눈이 많이 오는 곳이어서 눈이 얼마나 왔는지 확인하기 위해 만들어 놓았다고 한다.

날이 밝은 뒤라 역 주변 풍경도 하나씩 눈에 들어왔다. 기차를 타는 승객은 없지만, 이따금씩 오는 방문객을 위해 만들어놓은 맞이방이 깔끔했다. 예전 장성 광업소에서 사용하던 꼬마 기차도 그 옆에 한자리 잡고 앉아 있었다. 그리고 수송할 탄을 모아둔 거대한 탄저장소가 철길 너머로 보였다. 역 뒤 산에서는 풍력발전기가 한여름 어느 태백 산자락에서 보았던 해바라기처럼 길게 목을 빼고 서 있다.

그런데 갑자기 역에서 분주한 공기가 흘렀다. 무연탄을 열차에 실을 수 있도록 준비하는 작업이 철로 곳곳에서 숨 가쁘게 진행되고 있었다. 역무원들은 각자 맡은 자리에서 화물차를 연결하고, 달리는 화물차에 직접 타서 연결하는 지점까지 기차를 유도하기도 했다. 산 위에서 불어 내려오는 차가운 바람을 맞으면서도 역으로 들어오는 기차와 무전기로 시간과 속도를 상의하느라 이마에 땀이 맺혔다.

철길을 넘어 추전역이 내려다보이는 높은 곳으로 올라갔다. 아래에 있을 때보다 칼바람은 더 매섭게 불었다. 아직 저 아래서 역무원들과 화물차들이 바쁘게 움직이고 있었다. '국내에서 가장 높은 곳에 있는 역'이라는 낭만적인 표현 뒤에 감춰져 있던 진짜 추전역을 보고 있으려니 가슴이 두근거렸다. 바람이 세어지자 풍력발전기도 더 빠르게 돌아갔다.

찾아가는 길　　**주소** 강원도 태백시 화전동 산123

중앙고속도로 제천IC 제천/영월/충주 방면으로 우측 고속도로 출구 → 제천IC 영월/제천 방면으로 좌측 방향(중앙고속도로) → 제천 톨게이트 → 단양/영월/자동차전용도로 방면 우측 방향(북부로) → 제천 교차로에서 단양/영월/남제천IC 방면으로 우측 방향(북부로) → 영월 방면 지하차도(북부로) → 동막교차로에서 영월/쌍용 방면으로 우측 방향(북부로) → 탄부역, 연하역, 석향역, 민동산역, 사북역, 고한역 지나 약 78km → 추전역 삼거리에서 추전역 방향으로 5시 방향(싸리밭길) → 약 460m 지나 갈림길에서 좌회전한 뒤 700m 지나 도착

길은 네 가지, 어느 길로 갈까
중앙선 죽령역

죽령역이 내려다보이는 산에 올라서자 네 가지 길이 보였다.
길이 생긴 시대도, 길의 속도도 저마다 다른 길이다.
죽령역에서는 죽령을 넘는 길의 역사가 보인다.

옛날 영남지방 선비들은 과거시험을 보러 한양을 가려면 추풍령·문경세재·죽령 중 하나를 선택해서 넘어야 했다. 세 고개 중 가장 빠른 길인 문경세재는 많은 이들의 사랑을 받았다. 반면 죽령은 아흔아홉 굽이에 오르막길 30리, 내리막길 30리나 되는 가장 험한 길인 탓에 오랫동안 사람들에게 외면받았다. 그런 길에 놓인 철로가 바로 중앙선이다. 중앙선은 서울 청량리에서 출발해서 험준한 치악산, 소백산을 넘어 안동을 지나 경주에 이른다.

소백산을 넘어가기 전, 점점 높아지는 산의 경사진 길을 기차가 달리려면 보통의 터널과 다른 '루프식 터널'을 통과해야 한다. 급경사의 산악지역에서도 기차가 안전하게 달릴 수 있도록 만든 방식이다. 산속을 360도로 휘감으며 올라가야 하는데, 크게 원을 그리며 올라가는 모습이 뱀이 똬리를 튼 모양 같다고 해서 '똬리굴'이라고도 불린다. 험준한 치악산과 소백산을 넘어야 하는 중앙선에만 2개의 루프식 터널이 있다. 금대2터널을 지나 치악산을 넘어온 기차가 소백산을 넘으려면 자그마치 4.5킬로미터나 되는 대강터널을 지나야 한다. 힘들게 올라온 기차는 가쁜 숨을 고르며 희방사역으로 들어가는데, 가쁜 숨을 고르는 바로 그 구간에 죽령역이 있다.

내가 옛 죽령길에서 빠져나와 죽령역에 도착했을 때는 역 건물이 새로 꽃단장을 한 지 얼마 되지 않았을 때였다. 그래서 그런지 주변 건물보다 더 눈에 띄었다. 가을의 빛깔과 닮은 색으로 칠해진 역은 풍경과 자연스레 어울렸다. 죽령역은 여객업무가 중단되었지만 신호장(信號場, 보통 여객이나 화물이 아니라 열차의 교행을 위해 설치된 역) 역할을 하고 있다고 한다. 다행이다 싶었다. 업무가 없어짐에 따라 철거되는 역들이 많아지면서 그 역이 가지고 있던 세월도 함

📷 *핵심을 강조하고 싶다면*

다 자란 늙은 호박 사진이다. 담장 밑에 달린 호박을 온전히 보호하려고 호박 아래에 받침대까지 세운 주인의 세심한 배려에 감동을 받았다. 받침대와 호박을 함께 강조하고 싶었다. 그래서 강조하려는 부분에만 초점이 맞게(피사계 심도 얇게) 하고, 주위는 초점이 맞지 않도록 했다.

뒷집 과수원의 홍로가 가을 햇빛에 빨갛게 익어가고,
노란 볏단이 논둑에 쌓여 간다.
늙은 농부는 자기만큼이나 나이 많은 지게로 볏단을 실어 날랐다.
모든 것들이 묵묵히 한 해의 결실을 맺고 있었다.

께 사라지는 게 안쓰러웠기 때문이다. 다행히도 죽령역은 새로운 임무를 부여
받고 그동안의 공로로 새 옷까지 갈아입었다.

화사해진 역을 나와 바로 아래 있는 마을 용부원 4리로 갔다. 대부분의 역들은
바로 앞에 가게가 있다. 죽령역 앞에도 가게였을 법한 건물이 남아 있는데, 역
의 역할이 없어진 지금은 가게도 할 일을 잃었는지 문이 잠긴 채 텅 비어 있다.
그 옆에 예전 역무원들이 관사로 사용했던 건물도 사람이 살지 않은 상태로 남
아 있었다.

쓸쓸한 관사 옆으로 난 오솔길을 따라 자그마한 산을 오르니 빨간 점들이 여
기저기 나타났다. 붓으로 빨간 물감을 콕콕 찍어 놓은 듯 빨간 빛이 고운 '홍
로'가 열린 사과나무 밭이었다. 나무들 사이로 빨간 사과를 따서 바구니에 넣
는 분들의 손길이 분주하다. 일하시는 분들 가운데서 역 앞 가게를 하셨던 분
의 아드님을 만났다. 최근에 가게 문을 닫게 된 이야기와 어머니 이야기를 들
을 수 있었다.

역으로 들어오는 길에서 사과를 팔고 계신다는 옛 가게 주인 할머니를 뵈러 갔

오솔길 옆으로 빈집들이 쓸쓸하게 남아 있다.

다. 천막으로 만든 가게에 흰머리를 곱게 빗은 할머님(정순옥, 76세)이 앉아계셨다. 죽령역이 생기고 얼마 되지 않아 젊은 남편이 세상을 떠나고, 혼자 여섯 남매를 키우려고 시작한 일이 역전 가게였다. 혼자 짊어졌던 삶의 무게가 다시 떠오르는지 할머니는 눈가를 적셨다. 당시 가게에는 없는 물건이 없을 정도로 많은 물건을 팔았다 한다. 하지만 세상이 바뀌고 손님이 줄어들면서 가게 문을 닫아야 했다. "서운해서 많이 울었어." 할머니의 주름진 눈가가 다시 눈물로 젖었다. 죽령역을 떠올리면 여린 마음이면서도 강한 어머니의 힘으로 세상을 걸어오신 이 할머니를 기억하게 된다.

집집마다 수확한 빨간 사과들을 선별하느라 쉴 틈도 없이 상자들을 바쁘게 나르고 있었다. 그 모습을 뒤로하고 아랫마을인 용부원 1리로 걸음을 옮겼다. 노랗게 익은 벼와 쑥쑥 자란 수수들이 가득했다. 수수의 윗부분이 별 달린 성탄 트리처럼 반짝반짝 빛났다. 자세히 보니 수수에 앉아 있는 잠자리 날개가 햇빛을 받아 투명하게 반짝이고 있었다. 개울 건너 추수를 끝낸 논에서는 지게에 베어낸 벼들을 실어 나르고 있었다. 모든 것들이 묵묵히 한 해의 결실을 맺고 있었다. 다시 역으로 돌아가 역이 내려다보이는 산 위로 올라갔다.

역 뒤로 철로와 5번 국도, 중앙고속도로가 보인다. 험한 죽령길을 넘고자 사람이 만들어놓은 모든 길이 한눈에 들어왔다. 죽령 옛길까지 합치면 이곳에 모두 네 개의 길이 나 있다. 저 길들은 모두 저마다의 시대와 용도에 따라 쓰였을 것이다. 빠르지만 험한 길도 있고, 느리지만 편안한 길도 있다. 길들을 내려다보고 있으려니 이런 마음이 들었다. 길이란 내가 선택한 길이든 누군가의 권유를 받고 오른 길이든, 일단 결심을 하고 걸음을 내딛는 것만으로도 의미 있는 여정이 된다. 목적지에 도착하는 것만큼이나 중요한 것이 가는 과정이니 말이다.

찾아가는 길 주소 충청북도 단양군 대강면 용부원리
중앙고속도로 단양IC 단양/월악산국립공원 방면으로 우측 고속도로 출구 → 단양톨게이트 → 대강교차로에서 풍기 방면으로 좌회전(죽령로) → 약 1.3km 가다가 갈림길에서 좌회전(용부원 2길)하여 300m 뒤 도착

바다열차의 매력에 빠지다
삼척선 삼척해변역

강릉에서 출발한 바다열차는 삼척역까지
1시간 20분 동안을 달린다. 차창을 스크린 삼아 바다가 펼쳐지는
이 노선에서 인기 있는 역이 삼척해변역이다.

'개명 신청'이라는 제도가 있다. 이름을 바꾸겠노라고 국가에 정식으로 신청하는 제도다. 이름을 바꾸고 싶은 이유에 설득력이 있으면 신청이 받아들여지고, 새 이름을 사용할 수 있게 된다. 주로 의미는 좋으나 어감이 좋지 않아서 이름을 바꾸는 사람들이 많다고 한다. 평생 들어야 하는 이름인데 자기 마음에 들지 않는다면 참으로 곤혹스러울 게다. 이름을 바꿔서 더 행복해질 수 있다면야 원래의 이름을 굳이 고수할 필요는 없을 것이다.

그런데 기차역 이름 중에서도 특이하고 재미있는 역명이 있다. 분명 한자 의미로는 좋은 뜻일 게 분명하지만 장난꾸러기 아이들이 들었다면 두고두고 깔깔거리며 이야기했을 이름들이다. 내가 찾은 역들 중에는 청소역(장항선), 반성역(경전선), 진상역(경전선), 미로역(영동선), 금지역(전라선), 학교역(호남선), 양보역(경전선), 신령역(중앙선), 강매역(경의선) 등이 있다.

그중 사람으로 치면 개명 신청에 성공한 역이 있다. 바로 삼척해변역이다. 이 역의 옛 이름은 마을 이름을 따서 '후진역'이었다. 역 앞에 있는 해변도 '후진 해수욕장'이었다. '후진'이란 지명은 한자 뜻대로라면 '뒤 후(後) 나루 진(津)'으로 뒤쪽 나루터라는 뜻이다. 그런데 본래 뜻과 다른 의미로 오해받는 일이 잦았는지 '삼척해변역'으로 이름을 바꾸었다. 해수욕장 이름도 함께 바꾸었다고 한다.

이렇게 해서 새로 태어난 삼척해변역은 이름만 들어도 바로 앞에 바다가 펼쳐져 있을 것만 같다. 어쩌면 정동진역보다도 더 바다 가까이 있을지도 모르겠다는 두근거림을 안고 삼척해변역을 향해 출발했다. 이 역은 일반 여객열차로 갈 수 없는 삼척선에 있다. 삼척선은 삼척역과 동해역을 연결하여 산업자원을 옮기기 위해 설치된 노선이다. 간간히 통일호가 다니다가 1990년대 초에 여객 업무

📷 주변 사물로 인물을 돋보이게 하는 법

더운 여름날 파리채로 마루 치는 소리가 담장 너머까지 들려서 대문을 살그머니 열고 들어갔다. 할머니가 파리들을 쫓느라 분주하셨다. 대문 옆에 거울이 붙어 있었는데, 그리로 보니 파리채를 든 할머니만 보였다. 거울에 초점을 맞추고 다른 부분은 자연스럽게 포커스가 맞지 않게 하자 할머니 모습이 더 강조되어 보이는 효과가 나타났다.

역을 벗어나자마자 기차는 굴로 들어간다.

가 완전히 중단된 뒤부터는 주로 화물열차만 다녔던 산업철도선이다. 후진역이
생긴 것은 2001년이다.

역에 도착해 보니 넓이가 몇 평 되지 않는 작은 간이역이었다. 하지만 역사 벽면
을 나무로 마감해 놓아서 보통의 기차역이라기보다 작고 예쁜 휴게소 같은 느낌
이다. 역 바로 앞으로 제법 넓은 백사장이 펼쳐진 해수욕장이 있어서 보기만 해
도 가슴이 시원했다. 내가 갔을 때는 본격적인 여름이 아니라 사람들이 많지 않
았기에 역 주변도 조용했다. 소나기가 한차례 뿌려진 뒤에 도착한 터라 젖은 철
로를 보았는데, 헤아릴 수 없이 많은 잠자리 떼가 철로에 앉아 있었다. 모두들
비에 젖은 날개를 말리고 있는 듯했다. 내가 다가가자 놀라서였는지 아니면 날
개가 마침 다 말랐던 건지 잠자리들이 일제히 날아올랐다. 날개에서 반사된 빛
으로 하늘이 빛나면서 장관을 이뤘다.

잠자리들이 보여준 아름다운 풍경에 빼앗겼던 정신을 차리고서 역 바로 밑에 있
는 마을(갈천동 7번지)로 들어갔다. 바닷가라기보다는 농촌 마을에 들어선 것처
럼 넓은 밭과 오래된 집들이 늘어서 있다. 담장에 노란색 꽈리꽃이 예쁘게 피어

삼척해변역에서 멀지 않은 곳에 있는
조각공원 전망대는 시원한 바다와 끝없는 하늘을 보여준다.
이 바다와 하늘을 나에게 선물하고 싶다.
열심히 애썼다고 나를 칭찬해주고 싶다.

있는 집으로 다가갔다. 초여름의 더위를 마루에서 식히고 계시는 할머니가 담 너머로 얼핏 보였다. 그런데 오래된 시계 거울에 비춰진 모습을 보니 파리와 전쟁을 벌이는 중. 대문 앞을 지나가는데, 극성을 부리는 파리들을 잡느라 마룻바닥을 내리치는 소리가 탁탁 등 뒤로 들렸다. 밭에서는 감자 수확이 한창이다. 땅을 팔 때마다 흙 묻은 감자가 몸을 뒤척거리며 올라왔다. 그렇게 해서 쌓인 감자가 어느새 통으로 하나 가득이다. 뜨거운 솥에서 삶아진 한여름의 하얀 감자 속살이 떠올라 입안에 도는 군침을 삼켰다.

서둘러 발길을 해수욕장으로 옮겼다. 소나기를 몰고 왔던 구름이 물러나는 하늘 아래로 검푸른 바다가 보였다. 제법 넓은 백사장이 펼쳐진 아름다운 해수욕장이다. 본격적인 휴가철이 아니었는데도 푸른 동해 바다답게 MT를 온 학생들의 활기찬 함성으로 해수욕장에 싱싱함이 감돌았다. 바다 속에서 벌어진 기마전을 보고만 있어도 기운이 넘칠 정도로 신이 났다.

해수욕장과 주변 풍경을 보고 싶어 주변에서 가장 높은 건물로 올라갔다. 더 멀리까지 시원하게 펼쳐진 바다가 보였다. 뒤를 돌아보자 소나무들에 둘러싸인 역과 마을이 한눈에 들어왔다. 소나기가 뿌려진 뒤의 축축함이 사라지고 상큼한 바닷바람이 불었다. 평화로운 초여름의 한낮이었다.

'씨'라는 이름으로 평생을 살다가 개명을 한 할머니의 이야기를 신문기사에서 읽은 적이 있다. 이름을 바꾸고 나니 다시 태어난 마음이라고 했다. '삼척해변역'은 사람들에게 이 이름으로 어떤 느낌을 주며 다가가게 될까. '해변역'이라는 세 글자만으로도 바다와 기차를 사랑하는 사람들에게 주목받고 사랑받는 역이 되었으면 한다. 바다가 보고 싶거나 기차를 타고 싶을 때 혹은 기차를 타고 바다에 가고 싶은 사람들에게 가장 먼저 떠오르는 간이역이 되기를 빌어보았다.(2007년부터 강릉 삼척을 오가는 바다열차가 하루 2회, 성수기에는 3회 운행되고 있다.)

찾아가는 길 **주소** 강원 삼척시 갈천동
동해고속도로 동해IC 동해/삼척 방면으로 직진 고속도로 출구 → 동해톨게이트 → 동해IC 삼척 방면으로 우측 방향(7번 국도) → 8.6km 나안삼거리, 공단삼거리 → 갈천삼거리에서 삼척해수욕장/삼척MBC/제23 보병사단 방면으로 좌회전(새천년도로) 1.7km

별주부가 없는 용궁에 소 울음이 넘치다

경북선 용궁역

전날 텅 비었던 우시장 터는 장날 새벽에야 비로소 제 모습을 찾았다.
낯선 곳으로 떠나기를 거부하는 소들의 울음소리를 뚫고
기차 경적이 '바앙' 하고 울렸다.

김천과 영주를 잇는 경북선, 문경과 예천 사이쯤에 용궁역이 있다. 역무원이 없는 무배치 간이역에 도착해서 보니 역사 주위가 가을 햇살마냥 조용하면서 깊고 나이 든 모습이다. 승강장에 올라 역을 보니 입구 앞에 서 있는 커다란 나무 사이로 산호색 기와지붕을 얹고 있는 매력적인 역사가 눈에 띄었다.

파란색 표지판에 선명하게 적힌 이름 용궁(龍宮). 여기부터가 바닷속 용궁의 시작임을 알리는 이정표처럼 보인다. 철길을 따라 조금 걸어가니 노랗게 물든 논이 펼쳐진다. 한참 추수하는 농부들이 보였다. 기차를 타고 왔다면 역으로 들어오기 한참 전부터 차장 너머로 펼쳐지는 노란색의 물결을 보며 이 가을 한가운데를 신나게 달렸을 것이다. 그 넓은 논에 벼 베는 기계가 오가자 어린 시절 땅따먹기 놀이에서처럼 벼들이 조금씩 사라져간다. 기계에 딸린 긴 파이프에서 나온 알곡들이 커다란 자루 속으로 연신 떨어진다. 쌓이는 쌀을 보니 농사짓지 않은 이도 이렇게 마음이 뿌듯한데 농사를 지은 그 마음은 얼마나 풍요로울까 싶었다. 새참 시간에 일하시던 손을 멈춘 논 주인이 시원한 맥주 한 잔을 권하셨다. 일하던 분들 사이에 둘러앉아 차가운 맥주를 비울 즈음 경운기는 쌀을 싣고 건조장으로, 벼를 베는 기계들은 다시 논을 오가며 일을 시작했다.

다시 기찻길을 건너 역 밖으로 나갔다. 면소재지에 있는 역답게 상점들이 길게 늘어서 있었다. 오랜 소재지였던 곳이라 낮은 건물들이 아기자기하게 모여 있었다. 깔끔하게 마련된 장터를 보니 장날에 맞춰 왔다면 더 좋았겠다는 생각이 들었다. 아쉬움을 달래며 시장 골목을 걸었다. 낡은 문의 '시장제유소', 어르신들이 모여 한가한 여가 시간을 보내는 밥집 '성주집', 쌀가마니가 점점 높게 쌓여가는 방앗간….

이 와중에도 나지막하게 피아노 소리가 들렸다. 작고 소박한 피아노 교습소에

📷 상황을 한눈에 담고 싶을 때

수확한 벼를 커다란 자루에 담고 있는 순간이다. 자루에 담기는 쌀과 일하는 사람들이 내는 풍성한 느낌을 잘 보여주려고 자루보다 높은 곳에 올라서서 내려다보며 촬영했다. 위에서 내려다보는 방식의 앵글은 상황을 설명하는 시각을 전달한다. 또한 쌀과 사람들을 한 화면에 표현할 수 있었다.

위 용궁역의 기와는 깊은 바다 산호색이다.　**아래** 용궁역 옆의 용궁가축시장

회룡포를 감돌아 흐르는 내성천

서 아이들이 피아노를 치고 있는 것 같았다. 시장 골목에서 듣는 피아노 소리에 이상할 정도로 마음이 편해졌다. 그 앞에 잠시 앉아서 서툴지만 정다운 음악을 감상했다. 시장 길이 끝날 즈음 넓은 공터가 나타났다. 마을 분께 들으니 이곳은 우시장이라고 한다. 매월 4와 9가 들어가는 날짜마다 열리는 우시장은 이 주변에서도 제법 큰데, 특히 송아지 거래량이 많다고 한다. 날짜를 헤아려보니 내일 새벽이 시장 서는 날이었다. 그 우시장 옆에는 바로 용궁역이 있다. 기차역 옆 우시장은 어떤 풍경일지 보고 싶어졌다.

남은 하루는 용궁에서 조금 떨어진 회룡포 마을에서 보내기로 했다. 물방울이 톡 떨어진 듯 생긴 모양 때문에 물돌이 마을이라고도 한다. 이 마을을 소개하는 전경 사진들을 보면 정말 아름답다는 감탄사가 먼저 튀어 나오는데, 어디서 촬영했는지 궁금했다. 의문은 쉽게 풀렸다. '회룡대'라는 전망대가 있어 날씨만 돕는다면 좋은 사진을 찍을 수 있었다. 회룡대에서 내려다본 회룡포 마을은 역시 보러 오길 잘했다 싶게 아름다웠다. 걸음을 돌려 강으로 내려가서 이 마을에 온 사람들이 꼭 찾는다는 추억 만들기 코스로 갔다. 바로 '뿅뿅다리'라고 이름 붙은, 구멍이 뻥뻥 뚫린 철다리를 건너는 것.

용궁으로 돌아간 밤부터 내내 새벽을 기다렸다가 재빨리 우시장에 달려갔다. 도로에는 트럭들이 가득 차 있었고, 소들의 울음소리로 귀가 따가웠다. 어제까지만 해도 텅 비어 있던 공간이지만 새벽에는 사람들의 활기와 힘찬 목소리로 채워지고 있었다. 정신없이 촬영을 하다가 소 주인들에게 구박을 받았다. 어두컴컴한 새벽에 사용한 스트로보 불빛 때문에 소들이 긴장할까 걱정하는 것 같았다. 아니면 큰돈을 두고 실랑이하느라 예민해진 주인들에게 거슬렸을 수도 있고. 거래가 점점 활기를 띄고 있을 무렵, 팔린 소들이 트럭에 실리고 있었다. 가지 않으려는 송아지와 태워야 하는 사람들 사이의 힘겨루기가 시장 곳곳에서 벌어졌다. 그때 '빠앙' 하는 기차 경적 소리가 새벽하늘을 울렸다. 아주 잠깐 시간이 멎은 듯 빈 공간이 생겼지만, 곧 소 울음소리가 몰려와 그 자리를 메웠다.

찾아가는 길　**주소** 경상북도 예천군 용궁면 읍부리 336

중부내륙고속도로 점촌함창IC 문경(점촌)/함천/안동 방면으로 우측 고속도로 출구 → 점촌함창톨게이트 → 나한교차로에서 상주/안동/점촌(문경시청) 방면으로 우측 방향(3번 국도) → 사야매교차로에서 함창 방면으로 우측 방향 → 유턴(함창로)하여 사야매교차로 지나 윤직교차로 방면 → 고가도로(경서로) 지나 불암리 방향 → 불암삼거리 지나 다리 건너 갈림길에서 용궁/회룡포 방면으로 우측 방향(용궁로) → 800m 가다가 우회전 → 도착

철제 가마솥과 할머니 추모비

호남선 개태사역

아이 손을 잡고 이 역에 간다면 두 가지를 보여주고 싶다.
지름 3미터가 넘는 개태사의 가마솥과 할머니의 정에 감사하는 손자의 추모비.
함께 살았던 사람들만이 남길 수 있는 증거를 함께 보고 싶다.

천 년의 시간. 쉽게 가늠되지 않는 긴 시간이다. 내 할아버지의 할아버지의 할아버지의…. 도무지 어느 대까지 올라가야 닿을 수 있는 시간인지 상상하기에도 벅차다. 하지만 그분들이 있었기에 나란 존재도 생겨났으니 소중한 시간이기도 하다. 그 천 년의 시간을 등에 업고 있는 기차역을 찾았다. 호남선 개태사역이다. 대전에서 시작해 나주와 김제의 넓은 평야를 가로질러 목포에 이르는 호남선은 일제강점기 때 곡식을 약탈하기 위한 방편으로 일본이 놓은 철도선이다. 1944년에 세워진 개태사역의 이름은 역 가까이에 있는 사찰 개태사에서 비롯되었다. 그 절 개태사의 역사가 심상치 않다. 절이 세워진 것이 936년이니 천 년이 넘는 시간 전에 세워진 것이다. 반세기의 나이를 훌쩍 넘긴 기차역은 그 수십 배의 시간 전에 만들어진 사찰과 함께해왔다.

역에 들어서니 호남선의 특성대로 무궁화호와 새마을호부터 KTX까지, 국내에서 다니는 모든 종류의 기차가 이곳을 지나고 있었다. 화려하지는 않았지만 역무원들이 정성껏 가꾼 것으로 보이는 조그만 정원이 승강장 앞에 있었다. 기차에서 차창 너머로 보았으면 더 좋았을 정원을 보며 역 광장으로 나갔다. 역 앞 도로 밑으로 난 굴다리가 보여 다가갔는데, 굴 사이로 역 이름의 주인인 개태사가 보였다. 입구를 지나 천 년의 시간 속으로 들어갔다.

개태사는 고려 태조 왕건이 후삼국을 통일하면서 후백제의 중심부였던 이곳에 지은 절이다. 『동국여지승람』에서는 왕건이 하늘의 도움을 받아 세운 고려가 태평성대의 나라가 될 수 있도록 해달라는 발원문을 짓고, 사찰이 있는 황산의 이름을 천호산(天護山)으로 바꾸고 절 이름을 개태사(開泰寺)라고 지었다고 전한다. 왕의 발원문과 함께 지어졌던 이 절은 굉장히 큰 규모였으니 후백제를 무너뜨리고 복속시켰다는 상징이기도 했다. 그러나 조선시대로 내려와 임진왜란을

🔵 동적인 촬영에 필요한 노력

기차 건널목을 지키는 역무원과 그 뒤로 지나가는 기차를 촬영했다. 흐르는 듯 움직이는 기차의 속도감을 표현하려고 느린 셔터스피드를 사용해서 정지된 역무원과 달리는 기차를 동시에 대비시켰다. 적당한 셔터스피드를 찾으려면 다양한 테스트를 거쳐서 자기에게 알맞은 속도를 적용시키는 노력이 필요하다.

호남선에는 무궁화호, 새마을호, KTX가 모두 다닌다.
무궁화호가 새마을호, KTX를 앞서 보내느라 멈춰있어야 하는 걸.
남보다 느리면 지는 세상이라지만.
때로 기다리면서 좌우를 둘러보는 시간도 좋지 않은가.

나무 그림자에 기대어 있는 자전거

겪으면서 개태사는 폐허가 되고 말았다. 그러다가 1930년에 절을 찾았던 비구
승 덕분에 오늘의 모습을 갖추게 되었다 한다.

절에는 천 년의 역사를 전하는 유물들이 남아 있었다. 삼존석불·오층석탑·청
동 북·철제 가마솥 등이다. 그중에서도 눈에 띄는 것은 철 가마솥. 절 한구석
정자 아래에 둘레 9.3미터, 지름 3미터, 높이 1미터, 두께 3센티미터인 거대한
가마솥이다. 기록에 의하면 절이 한창 번성했을 때 된장국을 끓이는 데 사용한
솥이라고 한다. 그 옛날 절의 규모가 얼마나 컸는지를 보여주는 증거다. 이렇게
큰 가마솥에 끓이는 된장국 냄새는 어디까지 흘러갔을까. 오랜 시간의 흔적과
헤어져 시간의 굴을 다시 빠져나왔다.

역 뒤편에 있는 논산군 연산면 화악리 마을로 갔다. 개울이 졸졸 흐르는 다리를
건너자 아직 모내기 준비도 시작되지 않은 빈 논이 보였다. 하지만 돋아난 쑥을
뜯는 아주머니들을 보자 어릴 때 어머니를 따라 들판에서 쑥 캐던 추억이 떠올
랐다. 봄이 오면 여기저기서 쑥쑥 자란다고 '쑥'이라지만, 내 어린 마음에는 오
랜 시간 캤어도 그 양이 좀처럼 늘지 않았다. 그래서 이리 쏙, 저리 쏙 빠져나가
는 '쏙'이라 부르고 싶었던 기억. 쑥 향기처럼 진한 추억을 떠올리며 오래된 방

어느 손자가 할머니를 추모하여 지은 정원

앗간을 지나 마을회관 앞에 섰다.

마을에서 좀처럼 보기 힘든 돌담으로 둘러져 있는 정원이 보였다. 나무 대문을 열고 들어가니 잘 다듬어진 잔디와 나무 그리고 정자가 안에 지어져 있고, 돌로 만든 추모비가 세워져 있었다. 비에 다가가 추모비의 글귀를 읽어나갔다. 다 읽고 나자 가슴이 울컥했다. 끝없는 사랑을 주셨던 할머니를 추모하려고 손자가 세운 추모비였다. 이 정원은 할머니가 살았던 집터다. 할머니를 추모하며 만든 집은 이곳을 방문하는 사람들에게 편안한 휴식처가 되었다.

오랜 세월이 지나도 잊히지 않는 게 있다. 그건 천 년이 넘은 석불도, 가마솥도 아니다. 바로 고마움이다. 정원이 나에게 가르쳐준 그 고마움에 감사하며 역으로 향했다.(2008년 12월 여객 취급 중지)

찾아가는 길 주소 충남 논산시 연산면 관동리 304

호남고속도로지선 계룡IC 계룡 방면으로 우측 고속도로 출구 → 계룡톨게이트 → 약 3.5km 지나 논산/양정 방면으로 우회전(장안로) → 약 115m 가서 논산/양정 방면으로 좌회전(금암로) → 양정삼거리에서 부여/논산 방면으로 좌회전(계백로) → 약 5km 가서 우회전한 뒤 40m 지나 도착

송정 바닷가와 추억의 골목길

동해남부선 송정역

정동진역 못지않게 아름다운 바닷가 앞 송정역에는
또 하나의 보물이 숨겨져 있다. 바닷가 마을 골목마다 추억이 반짝거리며
자기를 알아봐줄 누군가를 기다리고 있다.

맛있는 음식은 금방 먹게 되고, 휴가는 시작했나 싶으면 끝나버리고, 좋은 풍경은 순식간에 지나간다. 우리는 이 좋은 것들을 조금이라도 더 오래 곁에 두려고 욕심부린다. 달리는 기차의 흔들림과 털거덕 소리에 취해 잠이 들었다가 갑자기 주위가 조용하다 싶어 잠들었던 눈을 가냘프게 뜨고 차창을 바라보는 순간, 산과 숲은 어디에도 없고 푸른 바다로 가득했던 정동진역 가는 길을 잊을 수가 없다. 우리나라에도 이렇게 아름다운 풍경을 지닌 기찻길이 있다는 게 신기해서 오고 가고를 수없이 반복했었다. 그런데 그런 풍경을 자랑하는 역이 또 있다. 부산진역을 출발해서 경주를 거쳐 포항에 이르는 동해남부선. 그중 해운대역에서 송정역으로 넘어가는 7킬로미터가 넘는 길이 바다가 보이는 해안 철길이다.

송정역을 찾아가던 날은 남부지방이 태풍 영향권에 속해 있어 비가 내렸다. 해운대역을 출발한 기차는 길게 곡선을 그으며 바다가 있는 벼랑을 휘돌아 해안 절벽을 시원하게 내달렸다. 갑자기 차창이 환해지면서 시원한 풍광이 창안으로 쏟아져 들어왔다. 속이 후련해지는 풍경은 그리 길지는 않았으나 짧은 만큼 강한 인상을 남겼다. 그리고 터널을 지나자마자 역에 도착. 송정역이다. 다시 송정역에서 출발한 기차는 바다와 가까운 서생역을 지난 뒤 깊은 내륙으로 들어가 포항으로 간다.

2006년에 등록문화재로 지정된 역답게 송정역은 예쁜 단층 기와지붕의 아담한 기차역이다. 빗속에서 역무원들이 화초가 담긴 화분들을 옮기느라 분주하게 오가고 있었다. 송정역 옆에는 상당히 고풍스러운 분위기의 건물이 나란히 서 있었다. 창고처럼 보이기도 했는데, 역이 지어졌을 당시 유럽에서 유행했던 아르누보 양식으로 된 철제 장식이 인상적이다. 예전에는 역 대합실 역할을 했다는데, 세월이 흐른 지금에는 창고로 쓰이고 있다. 조용히 서 있는 이 건물이야말

📷 느린 셔터스피드로 동감 표현하기

송정해수욕장에서 촬영한 바닷가 모래성. 파도가 높아지자 모래성이 귀퉁이부터 조금씩 무너졌다. 들어왔다 빠져나가는 파도를 생동감 있게 표현하고자 셔터스피드를 느리게 설정해서 촬영했다. 바닷물이 들어오고 나가는 시간의 흔적을 담을 수 있었다. 움직이는 물체와 움직이지 않는 물체를 동시에 촬영할 때 셔터스피드를 느리게 설정하면 색다른 운동감을 표현할 수 있다. 이때 느린 셔터스피드로 촬영하고자 한다면 트라이포드 사용은 필수!

해운대역을 출발한 동해남부선 열차가
바다를 옆에 두고 달리며 속도를 높인다.
보고만 있어도 바닷바람에 머릿속이 시원해지고
철썩이는 새하얀 파도 소리가 귓바퀴를 울린다.

위 입수를 망설이고 있는 청년들 **아래** 푸른빛의 상큼한 골목길

로 송정역이 문화재로 지정되는 데 결정적인 역할을 했다.

등록문화재 명패가 자랑스럽게 붙어 있는 역 입구를 나서자 역에서 몇 분만 걸어가면 바로 나올 바다를 볼 생각에 발걸음이 빨라졌다. 나지막한 건물들로 조밀하게 이어지는 골목길로 들어섰다. 이어지는 민박집들을 보니 부근 학생들이 MT를 오는 최대의 장소일 게 틀림없었다. 젊고 뜨거운 활기로 넘쳐날 역 앞 풍경이 그려졌다. 뜨거운 여름으로 접어드는 바닷가 마을인지라 동네 슈퍼에도 노란색 고무튜브가 하늘 높이 쌓여 있었다.

푸른색 담벼락과 집들이 끝나자 연이어 바다가 펼쳐졌다. 넓은 모래사장이 펼쳐진 송정해수욕장이다. 태풍이 오기 전이라 바닷가에는 거센 바람이 불었는데도 많은 사람들이 시원한 바다를 온몸으로 즐기고 있었다. 나이 어린 학생들은 궂은 날씨에도 신나게 놀았다. 물장구를 치고, 친구를 모래밭에 파묻고, 윈드서핑도 하고, 연도 날리고, 달리기도 한다. 바람을 기분 좋게 맞으며 산책하는 어른들도 보인다. 모두들 저마다의 방식으로 바다를 즐기고 있었다.

바람을 맞자 머릿속이 얼얼해져 다시 골목길로 들어가 바람을 피했다. 골목길은 제법 많은 갈래로 이어지고 또 나뉘었다. 골목길 탐험을 시작하려 깊숙이 들어가 다양한 집들을 보다 보니 어느새 바닷가 마을이라는 생각도 사라졌다. 한눈에도 오래돼 보이는 파란 건물 앞에 멈췄다. 이제 주변에서 흔히 볼 수 없는 간판 '쌀가게'가 붙어 있다. 내리 쌀가게의 미닫이문을 열고 들어갔다. 40년 넘도록 한자리를 지켜온 곳이다. 가게 안에 오래된 저울, 시일이 지난 주문서들과 벽에 급하게 적어둔 전화번호, 천장에 매달린 빛바랜 조미료 거치대 등이 보였다. 주인아저씨는 고객이 주문한 쌀을 지난 40년 동안 그래왔던 것처럼 자전거 짐칸에 싣고 출발했다. 추억이 있기에 이런 소박한 광경을 보고도 마음이 푸근해진다. 나는 다른 추억을 찾아서 작은 시장골목으로 다시 접어들었다.

찾아가는 길   **주소** 부산광역시 해운대구 송정동 299

경부고속도로 구서IC 도시고속도로/해운대 방면으로 우측 고속도로 출구 → 우측 방향(번영로) → 해운대/광안대교/벡스코 방면으로 우측 고가도로(수영강변대로) → 수영강변 지하차도(수영강변대로) → 우동천 삼거리에서 부산울산고속도로/해운대 신시가지 방면으로 좌회전 → 송정/부산울산고속도로/해운대 신시가지 방면으로 좌측 방향(광안대로) → 4.6km 가다 기장/송정/해운대 신시가지 방면 우측 방향(장산로) → 지하차도(장산로) → 송정삼거리에서 국립수산과학원/송정 방면으로 우측 방향 100m → 송정초등학교 방향으로 우회전(송정중앙로 8번길) 350m 뒤 도착

Part 5

희망으로
가는
길 위에 서다

나 어디로 돌아갈까
충북선 공전역

조용히 흐르는 진소천, 깊은 산속, 그리고 철교.
공전역에서 만나는 이 철교의 풍경은 우리를 한없이 순수했던
시절로 데려간다. 앞으로 나아갈 길을 생각해보게 한다.

"나 다시 돌아갈래!" 영화 〈박하사탕〉에서 주인공 김영호(설경구 분)가 철교 위에서 달려오는 기차를 향해 이렇게 외쳤다. 살면서 한 번쯤은 다시 돌아가고 싶은 시절이 문득 떠오른다. 그 시절을 생각하면 왠지 모르게 가슴 저 한구석에서 뜨거운 무언가가 넘쳐 오른다. 영화에서 유명한 장면으로 손꼽히는 이 철교는 오지에 있는 충북선 공전역에서 가까운 곳에 있다. 그 역으로 출발했다.

충북선은 경부선 조치원에서 중앙선 봉양을 가로로 연결하는 노선이다. 사람을 나르는 일보다 화물 수송이 주목적이다. 그래서 지역 주민들이 아니고서는 타 보기 쉽지 않은 노선이기도 하다. 충주를 지나 삼탄, 공전, 동량역을 통과하는 구간은 험준한 협곡 지형으로 인해 빼어난 자연경관을 볼 수 있다고 알려졌다. 그 옆을 흐르는 물 맑은 제천천을 따라가다가 여름이 무르익어가는 공전역 앞에 도착했다.

작은 상자 모양의 역에 할아버지들이 앉아계셨다. 기차가 올 시간을 기다리시나 싶어 가시는 곳을 여쭈었다. 그런데 곧 역 앞으로 들어올 버스를 기다리는 중이라 하신다. 기차역에서 버스를 기다리신다니. 알고 보니 공전역 광장은 마을버스의 정류장이자 종점이었다. 화물을 주로 운송하는 철도선의 특성이 강해지고, 여객열차가 줄어든 탓에 기차역을 버스정류장으로 활용하는 일이 자연스런 해결법이 되었다.

때마침 버스가 광장으로 들어와 크게 한 바퀴 돌면서 정차했다. 버스에서 내린 사람들이 모두 역 안으로 들어가시기에 기차로 갈아타려나 싶어 뒤를 따랐다. 대합실을 통과한 이들은 철길 너머로 보이는 마을인 공전3리를 향해 철길을 건너가셨다. 마을 가운데로 철길이 지나가니 마을 사람들은 하루에도 수차례씩

📷 구도가 만드는 전혀 다른 느낌

철교 아래서 물놀이를 하는 아이들과 그 위를 걸어가는 철로 보수작업자를 촬영했다. 처음에는 철교 아래만 보았는데, 철교 위를 걸어가는 보수작업자가 보여 그 순간을 촬영했다. 철교가 사진 화면을 둘로 분할해서 철교를 사이에 두고 일터로서의 철교 위와, 놀이터로서의 철교 아래 풍경이 전혀 다른 곳처럼 느껴진다.

달리는 기차를 보면 왜 손을 흔들고 싶어질까.
누구인지도 모르는 사람에게 왜 그리 인사가 하고 싶을까.
두 팔 번쩍 들고 달리는 기차에 인사를 하고 있는 나.
아는 사람 누구에게든 이렇게 반갑게 인사할 수 있다면 좋으련만.

여객 업무가 중단되기 전 공전역의 야경

철길을 건너 오갔다.

사람들을 뒤따르다가 공전3리 마을회관까지 갔다. 회관 앞에는 나무로 만든 근사한 정자가 세워져 있었는데, 그 시원한 그늘에 누웠다가 가고 싶었다. 할아버지가 깊이 주무시고 계셔서 살그머니 뒤돌아 나오다가 그 옆에 있는 빨간색 통을 발견했다. 우체통이었다. 정자 옆에 있는 우체통은 처음 보는 풍경이어서 신기했다. 마을회관 앞의 우체통이니 마을 사람들이 서로에게 보내는 편지도 여기에 넣으면 좋겠다는 생각을 하며 다시 철길을 건너 역 앞으로 갔다.

역 창고 앞에 있는 꽃밭에서 멋있게 손질된 나무뿌리를 보았다. 철로 보선반에 계시는 분이 취미로 손질한 나무뿌리 공예 작품들이 전시되어 있었다. 철로 보수 작업을 하다 보면 우연히 발견하는 나무뿌리들이 있는데, 그걸 모아두신다고 하셨다. 퇴근하고 나서 혼자 이것저것 다듬고 만드는 게 즐겁다면서 그분만의 보물창고도 공개하셨다. 흙이 묻은 나무뿌리들이 소중하게 간직되어 있었다. 까맣게 탄 얼굴이 행복해 보였다.

역 앞에서 가게를 하는 할머니가 강아지를 데리고 앉아 계셨다. 역을 이용하는 사람이 줄어들고, 버스가 들어오자 오히려 예전만큼 장사가 되지 않는다 하셨다. "오늘까지만 하고 그만할 참이야." 역 앞에서 긴 세월 동안 손님들과 웃고 울었던 가게의 역사가 눈앞에서 사라지려 하고 있었다. 파란 양철지붕이 예쁜 가게를 자꾸 돌아보며 자리를 떠났다.

영화 〈박하사탕〉을 촬영한 공전역과 삼탄역 사이에 있는 진소마을로 갔다. 역과 역 사이 거리는 길지 않았는데도 철길 말고는 길이 없어 산을 빙 돌아서 난 길을 따라 들어가야 했다. 가다가 강 위로 지나는 철교 밑에서 물놀이하는 아이들을 만났다. 짝을 이뤄 물수제비뜨는 시합을 하고, 한쪽에서 술래잡기도 하고 물고기도 잡았다. 그러다가 기차가 지나가면 귀를 막고 소리도 질렀다. 기차를 향해 깔깔거리며 손을 흔들어대는 아이들. 내 어렸을 때처럼 신나게 놀고 있었다. 아이들을 구경하는 것만으로도 좋았지만 떠나기 주저하는 발을 끌고 다시 걸음을 떼었다.

산간 오지의 좁은 길을 따라 들어가자 영화 촬영지가 나타났다. 철교 밑으로 진소천이 조용히 흘렀다. 철교 앞에는 영화 속 장면이 옛날 동네 극장 간판처럼 손으로 그려져 서 있었다. 그 뒤로 철교와 터널이 보였다. 왜 이곳에서 촬영했는지 단번에 알 수 있었다. 조용히 흐르는 강, 깊은 산속, 그리고 철교. 순수하고 맑고 고요한 장소였다. 이 좋은 곳도 개발로 변하고 있었다. 높은 곳으로 올라가 아름다운 풍경을 내려다보았다. 터널에서 빠져나오는 기차를 보며 아이들이 놀고 있는 철교 밑으로 다시 되돌아가고 싶어졌다.(공전역은 2008년 12월부터 여객 운행이 중단되어 지금은 화물을 운송하는 철도선으로만 제 역할을 하고 있다.)

찾아가는 길　　주소 충북 제천시 봉양읍 공전리

중부내륙고속도로 감곡IC 장호원/감곡 방면으로 우측 고속도로 출구 → 감곡톨게이트 → 감곡IC 교차로에서 제천 방면으로 좌회전(38번 국도) → 약 25km 가흥교차로, 목계대교 지나 하영교차로에서 제천/봉양 방면 고가도로(북부로) → 송강교차로에서 추평리/송강리/산척/충주구치소 방면으로 우측 방향(531번 지방도) 약 15km → 박달재 입구 사거리에서 원박리/박달재 방면으로 우측 방향 → 80m 가서 좌측 방향 → 110m 가서 좌회전(원박길) → 2.5km 가서 자양영당 방면으로 좌회전(의암로) → 다음 갈림길 좌회전(의암로) → 그 다음 갈림길에서 우회전(의암로8길) → 1km 뒤 도착

사람들은 남평역에서 시 구절을 보았다
경전선 남평역

널리 사랑받는 곽재구 시인의 시 「사평역에서」를 보고
사람들은 남평역을 시 속의 '그곳'이라 여겼다.
시인이 다른 역이라 밝힌 뒤에도 나는 남평역에서 아름다운 시 한 편을 본다.

'막차는 좀처럼 오지 않았다/ 대합실 밖에는 밤새 송이눈이 쌓이고/ 흰 보라 수수꽃 눈시린 유리창마다/ 톱밥난로가 지펴지고 있었다 (……) 자정 넘으면/ 낯설음도 뼈아픔도 다 설원인데/ 단풍잎 같은 몇 잎의 차창을 달고/ 밤열차는 또 어디로 흘러가는지/ 그리웠던 순간을 호명하며 나는/ 한줌의 눈물을 불빛 속에 던져 주었다.'

곽재구 시인이 눈 내리는 밤 어느 간이역을 그린 「사평역에서」는 어두운 밤 막차를 기다리는 역 안 풍경을 생생하게 표현하고 있는 시다. 이 시가 발표된 뒤 사람들은 시의 무대가 된 역을 찾았다. 그러다가 드디어 시에 나오는 역과 너무도 닮은 역을 발견했다. 사람들은 그 역이 시의 배경임을 믿고 싶어 했지만, 작가는 사평역이 가상의 역이며 실제 배경이 된 곳은 폐쇄된 남광주역이라 밝혔다.

사람들이 시 속의 역과 닮았다고 생각한 곳이 바로 남평역이다. 1930년에 지어진 남평역은 불이 난 뒤 1956년 다시 지어졌다. 상당히 넓은 역 앞 광장을 지나 역으로 들어갔다. 잘 가꾸어진 작고 아름다운 정원이 승강장보다 먼저 보였다. 분재와 나무 들이 가지런히 놓여 있고, 높게 세워진 아치문이 장미넝쿨에 휘감겨 있었다. 승강장은 저 멀리 보였는데 어떻게 가야 하나 싶어 두리번거리다가 나무들 사이로 난 길로 가니 승강장이 나왔다. 나무 사이로 난 작은 오솔길을 따라가도록 낭만적으로 꾸며진 승강장 가는 길. 아마도 이곳 남평역에서밖에 경험할 수 없을 것이다. 작은 공간에 다양한 모습을 가꾸어 놓은 역무원들의 수고가 고마웠다.

승강장에 올라서서 보니 들어오는 철길도, 반대편으로 나가는 철길도, 심지어는 승강장까지도 곡선이다. 이 곡선 한가운데에 서면 한쪽은 남도의 아름다운 풍경이 펼쳐지는 철길이 되고, 다른 한쪽은 자연의 풍경이 점점 줄어들면서 도

📷 세심한 관찰로 촬영 대상 발견하기

벽에 죽은 채 붙어 있는 담쟁이넝쿨을 보았다. 벽에 붙어 있는 담쟁이넝쿨이나 떨어져 있는 잎들이 '마지막 잎새'처럼 그림으로 그린 듯 보여 촬영하고 싶어졌다. 벽이나 녹슨 철물을 관찰하다 보면 자연적으로 생겨난 패턴이 얼마나 훌륭한지 발견하게 된다. 잘만 찾으면 멋진 패턴이나 색감을 촬영할 수 있으므로 벽면도 유심히 관찰하자.

여름해가 진 뒤 캐온 나물을 들고 돌아가는 할머니

시의 풍경으로 서서히 바뀌는 철길이 된다. 두 곳 중에 하나를 고르라면 아름다운 풍경이 시작되는 철로를 선택하고 싶다.

남평역은 부산을 출발한 기차가 아름다운 남도를 굽이굽이 돌며 그 풍경을 흠뻑 들이마시다가, 종착역에 들어가기 직전 마지막 힘을 다해 산을 휘돌아나가는 지점에 있다. 반대로 보면 남도의 아름다운 풍경이 보이기 시작하는 곳이기도 하다. 이곳을 벗어나자마자 펼쳐질 아름다운 광경을 상상하며 다시 정원을 지나 역 광장으로 나갔다.

뜨거운 여름 햇볕이 내리쬐는 광장은 빨간 고추들의 물결로 뒤덮여 있다. 주변이 온통 빨간색으로 출렁였다. 그 옆으로 오전 밭일을 끝내고 그늘에서 쉬고 계시는 할아버지들이 계셨다. 남광주역이 생기기 전에 남평역 광장에는 참외를 주로 파는 과일시장이 열렸는데, 여수나 순천에서도 이 시장을 찾아올 정도로 번창했다. 그러다가 남광주역이 생기고 그곳에 새벽시장이 들어서면서 이곳 주민들까지 남광주역 앞의 시장에 농작물들을 내다 팔게 되었다. 그런데 남광주역이 없어지게 되어 남평역 주민들까지 생업에 많은 지장이 생겼다며 아쉬워하

철길이 그리는 곡선의 풍경

셨다. 기차 이용이 많은 곳이라 역과 마을의 생사가 연결돼 있었다. 남광주역에 대해 마을 사람들이 느끼는 아쉬움은 곽재구 시인이 쓴 시의 내용과 너무도 잘 맞아떨어졌다.

역 앞 거리는 더운 여름날 오후답게 지나다니는 사람도 없는 고요한 길만 이어졌다. 길 중간에 광촌 분교가 있어 들어섰다. 폐된 학교의 운동장을 천천히 돌면서 아이들이 떠난 학교에 남아 있는 것들을 보았다. 놀이기구, 책 읽는 소녀의 동상, 놀이터에 묻혀 있는 타이어, 그리고 울창한 나무들. 나중에 다시 오게 된다면 그때까지 남아 있을까. 사라질지도 모른다는 생각이 불현듯 들자 하나하나 더 집중해서 보게 된다.

다시 역 앞으로 돌아가 버스정류장에 앉아 있자니 높이 떴던 해가 저물어가는 덕에 조용하던 마을에 다시 생기가 살아나고 있었다. 고추를 따고, 벼에 잡초도 뽑고, 작물에 물을 주고. 역을 사이에 두고 오후 내내 손길이 닿지 않던 곳이 바빠졌다. 할머니 한 분이 밭에서 나물을 뽑아 손에 쥔 채 걸어오고 계셨다. 꽃다발을 소중히 들고 있는 모습 같다고 인사를 드렸더니 소녀처럼 수줍게 웃으며 집으로 들어가셨다. 하늘도 수줍게 물들어가고 있었다.

빨갛게 변해가는 하늘빛이 내려앉고 있는 논으로 갔다. 벼에 달린 쌀알들이 제법 실해지고 있었다. 바람에 일렁이는 벼를 들여다보는데 기적소리와 함께 등 뒤로 기차가 지나갔다. 어느 방향으로 가는 건지 알고 싶지 않았다. 나도 이 아름다운 역을 사진으로 남기고 싶어졌다. 제목은 '남평역 앞 논에서'라고 먼저 지어두자.

찾아가는 길　주소 전라남도 나주시 남평읍 광촌리 549

호남고속도로 산월IC 무안광주고속도로/제2순환도로/신창·수완지구 방면으로 우측 고속도로 → 나주/무안/시청 방면으로 지하차도(제2순환도로) → 1km 뒤 지하차도(제2순환도로) → 유덕톨게이트(제2순환도로) → 목포/풍암지구 방면 지하차도(제2순환도로) → 송암톨게이트(제2순환도로) → 효덕교차로에서 목포/광주대 방면으로 우측 방향(제2순환도로) → 효덕교차로에서 백운교차로/노인건강타운 광주대 방면 좌측 방향(제2순환도로) → 효덕교차로에서 우회전(효덕로) → 약 7km 뒤 운주사/도곡온천/남평 방면 우측 방향(55번 지방도) → 화순읍 앵남리 삼거리 부근에서 전라남도청/남평 방면으로 우측 방향(55번 지방도) → 약 3.5km 남평역 방면으로 우회전하여 도착

하늘 세 평, 꽃밭 세 평인 영동의 심장
영동선 승부역

승부역은 겨울에 눈꽃관광열차를 즐기는 사람들에게 인기가 좋은 역이다.
깊은 산속 간이역이 아이들 웃음소리로 넘쳐나는 것도 그 즈음이다.
아이들 웃음처럼 순식간에 생기를 전해주는 것이 또 있을까.

인생에 곧게 뻗은 길만 있다면 좋겠지만, 곡선도 있고 때에 따라서는 뒤로 갈 때도 있다. 하지만 뒤로 간다고 해서 인생의 길마저 잃은 건 아니다.

영동선은 영주에서 출발해 봉화를 거쳐 통리역을 지나 높은 태백산맥을 넘고 도계, 동해로 나가 강릉에 다다른다. 통리에서 도계 구간에는 435미터라는 고도 차이를 극복하기 위해 스위치백 방식으로 개설된 철도 구간이 있다. 경사가 가파른 구간에서 열차를 전진·후진을 반복하게 하여 목적지에 오르도록 설계한 철도선이다. 이곳을 지날 때면 기차는 뒤로 갔다가 다시 앞으로 가며 전진한다.

영동선이 통과해야 하는, 험준한 협곡에 자리한 역 중 하나가 승부역이다. 옛날에는 기차 말고는 이 역 부근에 접근할 방법이 없었다고 한다. 지금은 물론 차를 타고도 승부역으로 갈 수 있게 되었다. 차는 석포면에 들어서자마자 길게 누운 낙동강 줄기를 따라 깊은 산속으로 계속 빠져 들어갔다. 꼬불꼬불한 길과 오르막 내리막길을 달리고 마지막 다리를 건너 더 이상 차로는 갈 수 없는 막다른 길에 들어서자 드디어 승부역이 나타났다.

사람 인기척이 들리자 사무실에 계시던 역무원이 반기며 나오셨다. 역에 관한 설명을 자세히 하면서 역사 옆 꽃밭으로 데려가 큰 바위를 보여주셨다. 1962년 이곳에 부임해 19년 동안 일하다 정년퇴직했다는 역무원이 바위에 흰 페인트로 써 놓은 짧은 글이었다. "승부역은 하늘도 세 평이요, 꽃밭도 세 평이나 영동의 심장이요, 수송의 동맥이다." 이 글은 이제 승부역의 자랑이 되었다. 역과 오랜 시간을 보내면서 역무원이 느꼈을 직업에 대한 자부심과 세월의 내공이 강렬하게 다가왔다.

간이역에서는 정년이 얼마 남지 않은 역무원들을 쉽게 만난다. 젊은 시절에는

📷 중요한 부분은 크게 보이도록 하자

우리 기술로 완성한 영암선 개통 기념비를 촬영했다. 승부역이 영암선 건설공사 구간 중 가장 어려움이 많았던 곳이어서 이곳에 세웠다고 한다. 기념비에는 이승만 대통령의 친필이 새겨져 있었는데, 터널과 함께 보이게 하여 역사적 의미와 현재를 한 화면에 담고 싶었다. 광각 렌즈를 사용하여 화면의 반이 넘게 기념비가 차지하게 하고, 나머지는 터널과 기찻길을 같이 보여주었다.

봉화에서 긴 터널을 통과한 뒤에야 기차는 승부역으로 들어온다.
방학이 오기 전에는 시험이 있는 것처럼.
봄이 오려면 겨울이 끝나야 하는 것처럼.
열매를 맺으려면 꽃이 먼저 피어야 하는 것처럼.

영동의 심장인 승부역의 두 평 남짓한 대기실

크고 바쁜 역에서 일을 하다가 은퇴하는 날이 가까워지자 인적이 드문 역에서
근무하는 모습이 때로 쓸쓸하게 보일 때도 있다. 하지만 스스로 정리의 시간을
갖는다는 마음으로 더욱 정열적으로 열중해서 일하는 분들이 많았다. 이 시를
쓰셨던 분도 아마 그런 마음으로 아름다운 은퇴를 하셨을 것이다.

승부역과 터널 사이의 역 마을에 있는 '영암선 개통비'를 보러 갔다. 영주에서
철암까지 순수하게 우리 기술로 건설한 영암선 구간 중 가장 힘들었던 지점이
바로 승부역이다. 당시 이승만 대통령의 친필을 받아 그 노력을 기억하려는 탑
이었다. 탑 주변에는 이제 몇 가구 남지 않은 집들이 있었다. 작고 귀여운 까만
가마솥을 사들고 먼저 들어오신 동네 할머니를 뵈었다. "오늘이 장날이라 모두
저녁 기차로 동네에 들어올 거야." 집집마다 집안 분위기는 옆집으로 놀러 가신
것 같았는데, 사실은 장에 나가셨던 거였다.

집 아래를 내려다보니 흐르는 강물과 그 앞을 가로막고 있는 큰 산과 그 산을 통
과하는 긴 터널을 이제 막 빠져나오는 기차가 한눈에 보였다. 겨울이면 눈꽃관
광열차를 타고 오는 사람들 덕분에 승부역도 유명해져서 동네가 북적거린다며

할머니는 즐거워하셨다.

승부마을의 집들은 여기저기 흩어져 있어서 한 번에 돌아보기 어렵다. 강을 건너 윗마을로 가니 높은 산에 둘러싸인 분지 여기저기에 깨를 뿌려 놓은 것처럼 집들이 흩어져 있었다. 동네에 남아 있는 사람들은 마당에 시멘트 바르기, 시래기 말리기, 수확한 배추 저장하기, 기름 들여놓기 등으로 겨울 준비를 하느라 바빴다.

그런데 다시 역으로 돌아갔을 때, 이 지역이 얼마나 깊은 곳에 있는지 눈으로 직접 확인하고 싶어졌다. 역 앞산을 오르기로 했다. 본격적으로 산행이 시작되자 낙엽이 쌓인 오르막길만 이어졌다. 해가 빨리 지는 줄 알면서도 강행한 겨울의 산행. 해가 넘어가자 깊은 산속이 금세 까맣게 변하고, 방향감각마저도 어둠속으로 빨려 들어갔다. 욕심을 버리고 하산을 시작했다. 길도 없는 낙엽 쌓인 산을 숱하게 미끄러지며 내려왔다. 어둠 속으로 사라지는 장비를 챙길 틈도 없었다. 마침내 역의 조그만 불빛이 보였다. 역 풍경을 보지 못한 아쉬움도 컸지만, 산속에서 느꼈던 공포감이 더욱 컸다. 불 켜진 작은 대합실 안으로 들어가니 태백으로 가는 마지막 기차의 손님으로 할머님들과 할아버지 한 분이 계셨다.

그러는 사이 큰 불빛으로 대합실을 밝히며 기차가 들어왔다. 역무원이 기차에서 짐 꾸러미를 이고 내리는 마을 할머니를 보고 달려가 짐을 들어주었다. 추운 길 조심해서 가라며 기차에 타는 어르신들과도 작별인사를 나눴다. 카메라로 남기고 싶었던 역 전경은 놓쳤지만, 이런 풍경을 보지 못했다면 그 또한 후회스러울 뻔했다. 따뜻함을 남긴 기차는 다시 까만 산 그림자 사이로 어둠을 헤치고 사라졌다.

찾아가는 길　주소 경북 봉화군 석포면 승부리 산1-4

중앙고속도로 풍기IC 풍기/북영주 방면으로 우측 고속도로 출구 → 풍기톨게이트 → 북영주/풍기/봉화 방면으로 우측 방향(931번 지방도) → 봉현교차로에서 소백산국립공원/제천/봉화/영주 방면으로 좌회전(5번 국도) → 신전교차로에서 좌회전 → 가흥삼거리, 서부사거리 지나 서천교사거리에서 우회전(선비로) → 고가도로(구성로) 지나 봉화/경찰서/시의회 방면으로 좌회전(광복로) → 상망교차로에서 우회전(원당로)하여 약 31km → 옥천삼거리에서 태백/울진/현동 방면으로 좌회전(소천로) 약 23km → 육송정삼거리에서 석포 방면으로 우회전 → 우회전(승부길)하여 48m → 석포역 지나 약 11km 가서 도착

옛사람들의 숨결이 남아 있는 집으로
동해남부선 양자동역

사람의 손길이 사라진 집은 폐가가 된다. 반면 손길이 닿은 집일수록 빛을 발한다.
양동마을에는 수백 년 전부터 오늘에 이르기까지
사람들의 손길이 쉼 없이 이어져 보는 사람의 마음에 따뜻함을 전한다.

유물은 오늘과 어제의 시간을 연결하는 소중한 다리 역할을 한다. 그래서 사람들은 박물관이나 역사적인 건축물을 찾아가 보며 역사를 두고 떠오르는 저마다의 의문에 답을 구한다. 그중 건축물에는 옛사람들이 살았던 흔적이 남아 있기 때문에 더 친근하게 느껴진다. 더군다나 집은 직접 손으로 만져볼 수 있어서 마음에 깊이 와 닿는다.

동해남부선에는 오래된 시간의 흔적을 지키고 있는 역이 있다. 부산을 떠나 내륙 깊숙이 달려 천년도읍 경주를 지난 기차가 이제 마지막 힘을 다해 종착역인 포항으로 가는 길이다. 그런데 기차가 순식간에 과거로 달려 들어간 듯 차창 가득히 기와집과 초가집이 나타났다. 기차는 속도를 줄여 작은 역에 정차했다. 전통가옥들이 모여 있는 곳은 양동마을이고, 기차가 정차한 역은 양자동역이다.

양동마을은 우리나라의 대표적인 반촌이다. 500여 년의 역사를 이어온 우리나라 전통 민속마을 중 가장 큰 규모와 오랜 역사를 자랑한다. 마을에는 54호의 고와가(古瓦家)와 이를 둘러싼 110여 호의 초가집들이 있는데, 많은 집들이 문화재적 가치를 인정받아 보물 또는 문화재로 지정되었다.

이러한 양동마을을 바깥세상과 연결하는 양자동역은 두 개의 벤치, 승강장, 역명판만 있는 간이역이다. 작고 소박하지만 이 지역 사람들에겐 꼭 필요한 곳이다. 역을 이용하는 사람들이 눈에 띄게 줄면서 역이 문을 닫아야 할 위기에 처할 때마다 마을 주민들이 나섰다. 결국 문화재청장과 면담까지 하면서 이 마을의 문화재적 가치뿐 아니라 국내 관광객들과 해외 관광객을 위해 양자동역이 계속 남아 있어야 한다는 의견을 전달했다. 결국 하루에 정차하는 횟수를 줄이는 방법으로 양자동역이 살아남게 되었다.

노란색 페인트를 칠한 침목 계단을 내려와 마을로 들어섰다. 마을 입구에는 제

📷 빛과 그림자를 활용하자
탈신을 바로 위에서 촬영했다. 때마침 해 그림자가 길게 늘어져 있을 때였다. 신발 옆으로 드리운 신발 그림자가 또 다른 신발처럼 보이는 재미있는 효과를 이끌어냈다. 시간대별로 다양한 그림자를 활용하면 재미있는 사진을 만들 수 있다.

기차처럼 달리고 싶다.
길이 발 아래로 순식간에 사라지고, 숨은 턱까지 차오를 정도로.
순식간에 강을 건너고, 다리를 지나고 산을 넘고 싶다.
머리 위 하늘까지 새파란 날이면 속이 다 후련하겠다.

법 큰 초등학교가 있는데, 학교 지붕의 기와가 전통마을 분위기와도 잘 어울렸다. 이 학교에서 앞으로 양동마을과 같이 살게 될 아이들이 공부를 하고 있다. 때마침 방학 중이라 텅 빈 학교 운동장만 둘러보고 본격적인 마을 탐방을 시작했다.

마을 입구에 있는 마을회관에서 현재 이장님과 전 이장님을 만났다. 두 분은 어렸을 때부터 한 마을에 사는 친구였는데, 양자동역에 얽힌 어린 시절의 추억을 들려주셨다. 돌아서면 배가 고팠던 그 시절의 장난꾸러기 두 친구는 기차표 살 돈으로 빵을 몰래 사 먹었단다. 학교는 가야 하는데, 돈은 써버렸으니 기차에 몰래 올라탔다. 요즘처럼 빠른 기차가 아닌 시절이라 가능했다며 아이들처럼 웃으셨다.

꼭 보고자 하는 건물이 있는 건 아니었기에 길을 따라 자연스럽게 마을을 돌아다녔다. 예전 모습이 그대로 보전된 집들 덕분에 골목마다 전통의 향기가 물씬 풍겨났다. 한편으로는 마을 사람들의 고충과 노력도 짐작되었다. 문화재로 지정되면 주인이라고 해도 집수리나 개량을 함부로 할 수 없다. 게다가 실제로 사

벤치와 지붕의 단순함이 매력인 양자동역

람이 살고 있는 집에 관광객들이 불쑥불쑥 들어오는 것도 익숙해질 일만은 아니겠다 싶었다. 그러는 사이 많은 집들을 보았다. 가마솥에서 엿을 고고 있는 집도 있고, 겨우내 쌓였던 마루에 쌓인 먼지를 쓸고 계시는 집주인 아주머니도 만났다. 댓돌에 가지런히 놓인 고무신과 기와담 밑에 가지런한 항아리들이 한없이 정답다. 이곳에서는 시간이 수백 년 전 그때에 멈춰 있는 것만 같다.

그러던 중 유난히 큰 대문을 열어둔 집 앞에 섰다. 집을 설명하는 명판을 보니 이곳은 '향단'이었다. 조선 중기 건물로 조선시대의 성리학자인 이언적(1491~1553) 선생이 경상감사로 재직했을 때 병든 어머니를 간병하느라 평생 관직에 나가지 않은 동생을 위해 지어준 집이다. 건축학적으로 많은 찬사를 받고 있는 집이라고 해서 조심스럽게 안으로 들어갔다. 빈집인 줄 알았는데, 작은 방에서 부부가 방 정리를 하고 계셨다.

문화해설사로 일하시던 분들이 향단에 사람이 살지 않으면서 집 관리가 제대로 되지 않는 걸 안타깝게 여기고, 이 집에 들어와 살며 집을 돌보신다 한다. 집 안 곳곳에 남아 있는 이야기를 들려주셨다. 이 집은 비 오는 날 집 안 어디를 가도 비 한 방울 맞지 않고 다닐 수 있는 구조라고 한다. 또 얼핏 보기에는 사방이 막힌 생김새로 폐쇄적이라 보일 수도 있겠지만, 닫힌 문을 차례로 열면 정원이 바로 보이도록 지어졌다. 문을 모두 열어젖히자 감춰졌던 향단만의 비경이 드러났다. 편찮으신 어머니와 효심 깊은 동생을 위한 마음이 고스란히 담긴 최고의 집 설계에 가슴이 뭉클했다.

대문을 열고 나오니 해가 진 향단 뒤로 밤이 내려와 있었다. 병든 어머니와 자신을 대신해 어머니를 돌보던 동생이 살 집을 보며 한없이 기뻐했을 형과 집에 깃든 귀한 마음을 되새겼다. 그때부터 변함없이 자리를 지켜온 별들이 지붕 위에서 반짝이고 있었다.(2007년 6월 여객 취급 중지)

찾아가는 길　주소 경북 경주시 강동면 인동리
익산포항고속도로 서포항IC 서포항/안강. 기계 방면으로 우측 고속도로 출구 → 서포항톨게이트 → 서포항IC에서 안강/포항 방면으로 좌회전(새마을로) → 달성네거리에서 우측 방향(안현로) → 안강IC에서 포항 방면으로 좌회전(28번 국도) → 3.5km를 가며 안강교차로, 제2강동대교 지나 → 좌회전 50m → 좌회전(인좌안길)하여 도착

바다와 강이 함께한 일출

강양포구마을

강양포구마을에서 보았던 일출은 특별했다.
날씨가 썩 좋지가 않아서 태양이 뚜렷하지 않았지만,
강렬한 파도가 일으킨 하얀 물보라가 태양과 어우러져
힘이 넘치는 일출을 연출했다.

후회하지 않고 살 수 있을까? 많은 사람들이 열심히 사는 이유는 후회할 일들을 만들고 싶지 않기 때문인지도 모른다. 그렇지만 인생을 살다 보면 누구나 한 가지씩의 후회스런 일을 마음속 깊이 간직하고 있을 것이다.

평생 기억에 남을 일출을 보려고 차에 올랐다. 날씨가 드물게 좋아서 분명히 훌륭한 일출을 만날 거란 기대감이 컸다. 5시간 넘게 운전을 하여 울산 강양포구 마을에 도착했다. 끝없이 펼쳐진 하늘과 바다가 눈앞에 열렸다. 강양포구는 바다와 강이 만나는 곳이라 내륙과 바다를 동시에 볼 수 있다. 마을 앞을 흘러오던 회야 강이 바다와 거친 물보라를 일으키며 만나는 모습이 인상적이었다. 마을은 강을 따라 이어져 있는데, '강양'이란 마을 이름은 회야강(回夜江) 어귀에 있는 햇볕이 잘 드는 마을이라는 뜻에서 붙여졌다. 제법 넓은 평야가 있어 예전부터 농사짓는 사람들이 대부분이고, 일부는 반농반어로 생업을 꾸리고 있다.

선착장은 회야 강쪽에 있다. 해양 경찰서 앞에 걸려 있는 빨간 깃발이 아까부터 눈에 거슬린다 했는데 벌써 며칠째 풍랑주의보가 내려진 상황이란다. 출항하지 못한 배들이 일렬로 강에 정박해 있었다. 새벽에 들어올 멸치잡이 배가 없으니 배와 같이 일출 풍경을 보려던 계획이 어긋나는 것 같아서 적잖이 실망했다. 강 건너 진하 포구에도 나란히 정박해 있는 배들이 보였다. 하지만 출항을 하지 못한 선착장에서도 어부들은 바빴다. 바다 일을 나가지 않았다고 손 놓고 쉬는 게 아니라 그물을 고치거나 통발을 손보며 분주한 작업을 이어나갔다.

집안에 있는 아주머니들도 바쁘기는 마찬가지. 김장을 하느라 집집마다 절인 배추들과 커다란 통들이 놓여 있었다. 커다란 통이 줄줄이 나와 있는 조용한 골목길을 걷고 있는데, 마을 한 바퀴 돌아보려 나오시던 이 마을 최고 연장자 할아버지(김두봉, 91세)를 만났다. 춥다며 해가 따뜻하게 비치는 집으로 초대하시

📷 *해를 담아서 인상적인 사진 만들기*

산 뒤로 해가 넘어가기 직전, 아래에 펼쳐진 논과 앞에 있던 억새를 촬영했다. 플레어 현상이 사진의 화질을 떨어뜨리는 경우가 많지만, 마을 이름에도 햇빛에 대한 의미가 있는 만큼 이번에는 해를 의도적으로 화면 안에 넣고 싶었다. 해가 지기 전 마지막으로 햇빛이 강렬해지는 순간을 표현하려 했다.

위 한눈에 보는 강양포구와 마을　**아래** 풍랑주의보에도 쉬지 않고 배 수선을 하는 사람들

고선 따뜻한 커피 한 잔을 내놓으셨다. 젊으셨을 때 배(황포돛배)를 타고 전국을 돌아다니신 일이며 오랫동안 이 마을에서 유일한 담뱃가게를 꾸렸던 이야기를 들려주셨다.

그런데 바다에 맞서 강인한 삶을 살아오신 할아버지에게도 마음에 남는 후회가 있다고 하셨다. 옛날 이 포구에 변변한 음식점도 하나 없던 시절의 이야기였다. 이 포구에 여행을 왔던 처자가 있었는데, 할아버지께 이곳에 밥 먹을 곳이 없냐고 묻더란다. "그때 왜 그랬을까. 없다고 딱 잘라 거절을 했지." 그렇게 단호하게 거절하고 돌려보냈던 일이 평생 가슴에 남아 있다고 하셨다. "어려웠던 시기였으니 낯선 이를 선뜻 돕기도 쉽지는 않았지. 하지만 마음만 먹었으면 밥 한 그릇 내어주는 일을 못할 건 또 뭐 있었겠어." 그 마음의 짐이 90세가 된 지금까지도 깊이 남아 있다고 하셨다. 하지만 이렇게 만난 사람에게 지금 할 수 있는 최대한의 대접을 하고 계시고 계시니 이제 편안해지셨으면 싶다.

할아버지 댁을 나와 마을 깊숙한 안쪽으로 들어갔다. 바닷가 마을에서 항상 느끼는 거지만, 집이나 벽에 칠하는 페인트 색이 다른 지역과는 다르다. 밝고 연

바람도 잔잔해 평화로운 저녁의 강양포구

한 색감이 주류를 이루고 있어 보는 내내 기분이 부드러워진다. 골목길과 집들을 보며 걸어갔다. 집 주변에는 바닷가 마을답지 않게 넓은 논이 펼쳐져 있었다. 논둑에 앉아 넓은 논과 마을을 강하게 비추는 해를 보았다. 마을 이름에 어울리게 햇볕이 온 마을에 흘러넘쳤다.

다시 선착장으로 돌아가서 바다와 강을 지나는 다리인 명선교에 올랐다. 포구에서 가장 높은 곳이라 앞으로는 넓은 바다가, 뒤로는 회야 강과 강양마을이 한눈에 보였다. 명선교는 바닷가 마을에서 보기 드문 규모의 큰 다리다. 일출을 보러 오는 관광객을 유치하려고 만들었다는데, 다리에 엘리베이터 등 편리시설까지 마련되어 있다. 명선교에 올라가 보면 시원한 경치 덕분에 속이 다 후련하다. 다리 위에서 보는 포구의 일몰은 잔잔한 빛의 흐름을 보이며 고요하게 조금씩 어두워졌다. 다음날 새벽 일출을 보려고 옷을 단단히 껴입고 바다로 나갔다. 벌써 많은 사람들이 일출을 보기 위해 바다 앞에 섰다. 몰려드는 강한 파도 앞에서 수많은 카메라들이 이루는 물결도 함께 출렁였다. 태양이 떠오르는 순간에 구름이 끼어 구름 사이로 보이는 태양에 만족해야 했다.

예상했던 완벽한 일출도 아니었고, 날씨도 너무 추웠던 터라 잠시 딴생각에 사로잡혀 있을 때 내 앞으로 물보라를 일으키는 파도가 연신 밀려왔다. 그 모습이 태양과 어우러지자 감동이 느껴졌다. 이렇게 역동적인 일출 풍경은 처음이었다. 태양이 뚜렷하게 나타나지 않았는데도 주변 풍경과 어우러지니 가슴을 두근거리게 하는 일출로 변했다. 후회 없는 일출 풍경을 표현하려고 한동안 정신 없이 뷰파인더에 집중했다. 뿌듯한 마음으로 돌아가던 중 마음 깊은 곳에서 다리 위에서도 촬영해보고 싶다는 아쉬움이 조금씩 자라났지만, 후회 대신 다음을 다짐하고 돌아왔다.

찾아가는 길　주소 울산광역시 울주군 온산읍 강양리

부산울산고속도로 온양IC 온양 방면으로 우측 고속도로 출구 → 온양톨게이트 → 온양IC 온양/웅상 방면으로 좌회전(광청로) → 삼거리에서 온양 방면으로 우회전(광청로) → 대안지하차도(온양로) → 사거리에서 간절곶/진하해수욕장/울산온천 방면 좌회전(온양로) → 약 4.5km 직진 뒤 사거리에서 진하해수욕장/서생포왜성/간절곶 방면 우회전(온양로) → 서생삼거리에서 울산시청/온산 방면으로 좌회전(해맞이로) → 서생교 건너 약 500m 지나 첫 번째 갈림길에서 우회전(강양길) → 400m 직진 후 갈림길에서 좌측 방향(강양1길) → 도착

전통 막걸리를 지킨 산성 사람들

금정산성마을

할머니는 60년 넘게 해온 방식대로 허리를 굽히고 누룩을 밟았다.
저 주름진 발에 의해 기계도 도저히 따라올 수 없다는 누룩 맛이,
산성막걸리의 맛이 지켜지고 있었다.

자동차 시동도 걸리지 않을 정도로 추운 날. 남쪽 지방은 다르겠지 하는 기대를 품고 부산에 도착했다. '산성'이라는 길 이정표를 따라가니 제법 깊게 이어지는 산길 위로 넓은 분지 지형이 펼쳐진 마을이 나타났다. 산성으로 둘러싸여 있는 금정산성마을이다. 금정산(金井山)의 능선이 병풍처럼 둘러싸고 있는 이 마을은 해발 400미터의 분지에 아담하게 자리 잡고 있다.

마을을 둘러싸고 있는 금정산성은 조선시대에 돌로 쌓은 석성이다. 임진왜란과 병자호란을 겪고 난 뒤인 숙종 29년(1703)에 국방을 튼튼히 하고 바다를 지킬 목적으로 쌓았다. 전체 길이는 약 17킬로미터나 되며 우리나라에서 규모가 가장 큰 산성인데, 지금은 4킬로미터의 성벽만이 남아 있다. 현재는 공해·중리·죽전 3개의 자연 마을이 모여 있고, 500여 가구가 살고 있는 제법 큰 마을이다.

이날은 부산도 서울 못지않게 추운 날이었다. 부산에서 이런 추위를 만나 벌벌 떨기도 처음이었다. 90년 만에 큰 추위가 찾아왔다며 마을은 야단법석이었다. 여느 겨울에는 걱정하지 않던 일들, 그러니까 수돗물이 언다든지 하는 일들이 일어났기 때문이다. 하지만 춥다고 마을 탐험을 그만둘 수는 없었다. 가장 먼저 들어간 곳이 누룩을 만드는 집이다. 이 마을은 예전부터 누룩을 만들어 생계를 유지했고, 국내 민속주 1호로 지정된 산성막걸리로 유명한 마을이기도 하

📷 그림자를 활용하는 법

건물 벽에 드리워진 나무 그림자와 건물 뒤에 있는 나무
를 같이 촬영했다. 건물 앞에 있는 나무 그림자가 건물
에 졌는데, 건물 뒤에 있는 나무와 신기하게도 한 나무
처럼 어울려 보이는 순간이었다. 그림자로 인한 착시 효
과를 활용하면 재미있는 구성의 사진을 촬영할 수 있다.

다. 지금까지 누룩을 전통방식으로 만드는 전남서 할머니(80세)의 작업장을 찾
았다. 싸늘한 작업장 이곳저곳에 연탄불이 놓여 있었다. 워낙 추운 날이라 작업
하는 사이사이 불을 쬐면서 작업을 하셨다.

할머니는 반죽된 누룩 덩어리를 바닥에 놓으시더니 신을 벗고 허리를 90도로 숙
이고, 천으로 감싼 누룩 덩어리를 뱅글뱅글 돌면서 발로 밟으셨다. 60여 년 동안
만들어온 능숙한 작업자의 발 아래서 누룩은 일정한 두께의 원형 모양이 되었
다. 누룩을 이만큼 능숙하게 만들려면 적어도 20년을 누룩만 밟아야 한단다. 옆

금정산성 제3망루와 금정구 구서동 전경

에서 일하고 계시던 할머니들 모두 경력 20년이 넘었다.

어머니를 도와 같이 일하고 있는 따님들이 아직 이런 모양을 못 낸다며 앞으로 더 누룩을 밟으며 기술을 전수해야 할 시간이 필요하다고 귀띔하셨다. 누룩 덩어리는 만들어진 지 50년이 넘었다는 어두컴컴한 누룩방에서 일정한 온도 가운데 최적의 발효 시간을 가지게 된다.

얼핏 보기에 과학적으로 보이지 않지만, 이 모든 것은 오랜 세월이 쌓여 만들어진 결과물이다. 누룩방의 온도도 할머니가 직접 챙기신다. 할머니에게는 '몇 도'라는 기준이 중요하지 않았다. 누룩방 안에 얼굴을 들이밀었을 때 얼굴에 와 닿는 느낌을 가지고 조절하시는데, 모든 것이 할머니 몸에 익숙해져서 긴 세월 동안 익혀진 온도를 굳이 수치로 바꿀 필요를 느끼지 못하시는 것 같았다. 그 모습을 보고 있으려니 매년 다른 날씨와 습도와 온도 속에 만들어야 하는 누룩은 때론 정해진 수치보다는 몸의 느낌이 더 정확할 수도 있겠다 싶었다. 층층이 쌓여 있는 누룩방 안에 나도 얼굴을 들이밀었다. 방에서 풍겨 나오는 두터운 향과 온도가 뜨겁지는 않지만 미지근한 얇은 천을 얼굴에 댄 듯했다. 이 향과 온도를 어렴풋한 느낌으로라도 기억하고 싶어 한번 더 얼굴을 누룩방에 들이밀었다. 추운 날씨에 누룩 밟기를 하시는 할머니께 인사를 드리고 작업장을 나섰다.

다음으로 이 누룩이 진정한 힘을 발휘하는 막걸리 공장을 찾았다. 이 공장은 마을 주민들의 힘으로 만들어졌다. 화학적 방법으로 더 많은 양의 술을 만들 수 있음에도 지금까지 누룩을 사용한 전통적 방법으로 적지만 맛있는 술을 생산하고 있다는 사장님(유청길, 54세)의 자부심이 대단했다. 술이 익어가는 숙성실 안을 구경했다. 잘 익은 고두밥과 제대로 숙성된 누룩, 그리고 '금정(金井)'이라는 이름에 맞는 귀한 우물물이 어우러져 좋은 냄새가 가득했다.

조금 전 마신 막걸리에 배가 따뜻해져 추위도 가신 듯하다. 몸도 따뜻해졌으니 한국에서 가장 길고 아름답다는 석성 '금정산성'을 보려고 동문을 거쳐 산으로 발길을 돌렸다.

찾아가는 길   주소 부산광역시 금정구 금성동 609

중앙고속도로지선 물금IC 물금/양산화물기지/ICD,KIFD 방면으로 우측 고속도로 출구 → 물금톨게이트 → 한국복합물류양산터미널 방면으로 우회전(제방로) → 제방로 끝에서 좌회전하여 호포대교 건너 부산/ 양산/호포역 방면(황산로) → 지하철 호포역/금곡역/동원역/율리역 지나 화명삼거리에서 금정산성 방면 으로 좌회전(산성로) → 산성 방면 약 5km 뒤 도착

강 따라 정이 감돌다
무섬마을

물이 휘감고 도는 무섬마을에서 아름다운 사람들을 만났다.
낯선 이에게 미소로 손짓하며 내미는 차 한 잔.
그 향기가 잠든 듯 조용한 고택을 사람 사는 집으로 바꾸어주었다.

위 흥선대원군이 쓴 현판 해우당과 문화해설사 **아래** 물이 휘돌아나가는 무섬마을

다리 위에 첫발을 딛고 걸으며 보니 다리 아래로 거센 물이 흘러갔다. 외나무다리라서 그런지 바로 발밑으로 물이 흘러가는 것처럼 보여 순간 물위를 걷는 착각에 빠졌다. 눈을 비비고 간신히 빠져나왔다 했는데, 갑자기 좁다란 다리 폭이 무서워져 뒷목이 뻣뻣해졌다. 하지만 이 다리만 건너면 수백 년 전통의 무섬마을을 만날 수 있다. '무섬'은 '물 위에 떠 있는 섬'이란 뜻의 순우리말이다. 마을을 둘러싼 물이 회룡포나 안동 하회마을에서처럼 마을의 삼면을 휘돌아 흐른다. 다른 곳에 비해 배산임수의 여건과 풍수적 지형 특성이 좋기로 이름난 마을이다.

1979년 강에 콘크리트 다리가 놓이기 전까지는 좁은 외나무다리를 건너 마을과 바깥세상을 오갔다. 오늘날의 마을은 오래된 집들과 새로 지어진 초가집들이 어울려 민속마을의 분위기를 풍긴다. 마을에 살면서 문화해설사로 활동하는 김광호 선생님께 차 대접을 받으며 마을 설명을 듣게 되었다.

이 마을에는 민속자료로 지정된 가치 있는 가옥이 아홉 채나 된다. 그 첫째가 마을에서 가장 오래된 만죽재이고, 규모가 가장 크며 흥선대원군이 쓴 현판이 있는 해우당도 빼놓아선 안 될 곳이다. 해우당은 전형적인 ㅁ자형 한옥 구조를 보이는 곳이다. 이 마을은 기와집은 물론 초가집들의 구조도 ㅁ자형이다. 집 안은 또 다른 세상이었다. 마당에만 들어서도 주변이 아늑하고 조용했다. 난방효과를 최대로 끌어올리기 위한 선조들의 지혜를 초가집에서도 발견할 수 있었다. 바로 지붕 옆에 있는 구멍인 '까치구멍'이 그것. 사방이 막혀 있는 ㅁ자형 집안의 환기를 시킬 수 있도록 지붕을 설계할 때 이 환기구멍을 따로 만들어두었다. '오헌'이란 현판이 걸려 있는 집에 들어섰는데, 마을 보존 회장님(박종우)이 빙그레 웃으시면서 차 한 잔 하라며 손짓하셨다. 아담하고 정갈한 방 안에 들어서

📷 햇빛 반사를 이용하는 방법
옛날 무섬마을 사람들이 마을을 나갈 때 이용했다는 외나무다리를 촬영했다. 유난히 이 다리의 폭이 좁다는 점을 강조하고 싶었다. 그래서 다리 윗부분이 빛에 반사되어 다리만 강조될 수 있도록 하려고 했다. 해가 넘어가는 시간대를 택해 다리 윗면이 반사되는 앵글 높이를 찾았고, 다리 윗부분이 제대로 강조될 수 있는 모습을 포착했다.

만죽재 섬계초당에서 굽는 무섬마을

서 마당 쪽을 보니 방 안까지 들어오는 따뜻한 햇살에 몸과 마음이 편안해지고 침착해졌다. 편안한 마음으로 회장님의 목소리에 귀를 기울였다. 선비들이 많이 살았던 이 마을에서는 배움에 있어 남녀노소를 가리지 않았다 한다. 배움을 실천하는 데 있어서는 벼슬 욕심보다는 인간으로서 옳게 살아가는 방법을 같이 고민하고, 옳은 방법을 실천하고자 많은 노력을 기울였다는 사람들. 회장님은 선조들에 대해 마음속 깊이 간직하고 있는 자부심을 풀어놓으셨다.

내가 놀랐던 점은 해방 전후 이 마을의 상황이었다. 그 즈음에는 이곳 역시 다른 마을들처럼 좌익과 우익으로 나뉘었으나 서로를 인정하는 분위기가 형성되었다. 이런 지혜로운 사고법 덕분에 해 입은 사람이 없이 그 고통의 시간을 헤쳐나갔다 한다. 배움을 실천하는 데 있어서 이 마을 사람들처럼만 한다면 이해와 배려로 이상적인 세상이 될 수 있지 않을까 싶다.

마을 풍경도 아름답지만, 그 마을에 이어진 조상들의 지혜가 더욱 아름다워 마을을 둘러보고픈 마음이 강해졌다. 신발 끈을 단단히 매고서 전수관과 빈집을 초가집으로 다시 지어 민박을 운영할 준비가 한창인 집들도 둘러보았다.

"어린 시절 문을 열면 바로 눈앞에 아름답고 고운 은빛 모래가 펼쳐지고 강물이 흘렀지" 하시던 보존회장님의 눈빛이 떠올랐다. 외다리가 놓인 곳으로 다시 갔다. 외다리에 올라 아래로 물이 흐르는 좁은 다리 위에서 오른발과 왼발에 같은 힘을 주면서 천천히 걸어가다 보니 어느새 다리 끝에 서 있었다. 아침에 마을에 들어설 때처럼 무섭지 않았다.

오는 길에도 수월하게 건너 다시 마을로 돌아왔다. 낮에 미처 보지 못한 집들을 보며 골목길에 들어섰는데, 조그만 문이 열리더니 할머니가 반갑게 맞아 주셨다. "차 한 잔 하고 가!" 할머니는 방 안으로 들어선 낯선 이를 위해 전기포트 플러그를 콘센트에 살며시 밀어 넣으셨다.

찾아가는 길 주소 경북 영주시 문수면 수도리
중앙고속도로 영주IC 영주 방면으로 우측 고속도로 출구 → 영주톨게이트 → 장수교차로에서 장수 방면으로 우측 방향(장수로) → 주유소 지나 우회전, 반구교 건너 직진(반구로) → 2.2km 가다가 세 갈래 길에서 좌회전(반구로) → 문수농공단지 앞길에서 좌측 방향 길 → 갈림길에서 영주시 환경사업소 쪽 우측 방향(적서로) → 서천 따라가다가 보문면/북후면 방면으로 우측 방향 → 전통문화수련원 지나자마자 수도리 전통마을 방면으로 좌회전(무섬로) → 수도교 건너 도착

간판이 아름다운 시인 정지용의 마을

옥천 구읍

100년 전 기차역이 옆 마을로 빗겨나 개통된 뒤로
옥천 구읍의 시간은 그대로 멈췄다.
하지만 그 덕에 고스란히 남아 있게 된 오래된 건물들이
우리에게 두런두런 옛이야기를 들려주고 있다.

이렇게 행복한 우편취급국이 또 어디 있을까.
손으로 쓰는 다정한 편지가 사라져가는 요즈음
시인의 시를 가슴에 품고서
오가는 사람들에게 시를 들려주는 우편취급국이.

100년 전 희미한 초승달이 나무에 걸려 있던 깊은 밤, 마을 어른들은 수차례 회의 끝에 내린 결론을 마을 사람들에게 발표했다. "이 시끄러운 차를 절대로 마을에 들여놓을 수 없소!" 이 일로 철도 경유지였던 이 읍에는 역이 생기지 못했고, 그 옆 마을에 역이 세워졌다. 열차를 막았던 마을의 상권도 따라 옮겨졌고, 장마저도 역 근처로 가게 되면서 마을의 시간은 멈추었다. 그 뒤로 옥천 사람들은 죽향 1리와 3리, 상계리와 하계리, 문정1리와 교동리 5개 마을 두고 '구읍'이라고 부르고 있다.

멈춰있다는 구읍의 시간 사이로 들어갔다. 도착한 읍은 평일인 탓인지 한적했다. 옛날 방앗간 앞을 지나 들어가니 옥천에서 가장 먼저 세워졌다는 교회가 나타났다. 읍내에서 가장 높이 서 있는 건물이다. 역이 세워지는 것을 반대한 뒤로 마을에는 구한말부터 근대까지의 주거 변천사를 볼 수 있는 건물들이 고스란히 남아 있게 되었다. 그동안 발전이 없는 마을이 안타깝다고 했지만, 지금에 와서는 남아 있는 건물들이 마을의 장점이 되었다.

교회 입구에서 목사님을 만났다. 10년 전 이곳을 지나가다 폐허가 되어가는 교회를 누군가는 지켜야 할 것 같아 정착하셨다 한다. 이곳에 들어와 많지 않은 신도들과 오래된 교회를 보살피며 지내신다. 교회 내부를 구석구석 보았는데, 현대적으로 개조하지 않고 옛 모습 그대로 보존되어 있었다. 교회 구석구석마다 목사님의 손길이 보였다. 창문에 붙어 있는 귀여운 꽃 스티커를 보면서 교회를 나섰다.

교회를 나와 한적한 동네 개울을 따라 구읍의 중심지인 '구읍 사거리'로 갔다. 구읍은 정지용 시인의 고향이다. 옥천에서는 정지용의 성을 뺀 '지용'이란 이름만을 사용하며 시인에 대한 무한한 사랑을 표현하곤 한다. 1996년 '지용 생가'

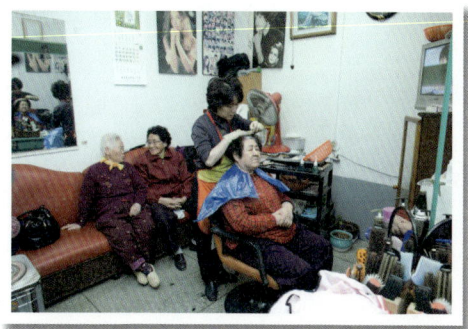

📷 좋은 장소를 넓게 보이게 하는 방법

구읍 안에 있는 갈릴레아 미용실 풍경을 촬영했다. 읍에 있는 미용실답게 동네 할머님들의 대화방이기도 하다. 차례를 기다리는 할머니들은 누가 손님이랄 것도 없이 미용 도구들도 챙기고, 손님 커피도 내주셨다. 미용실은 할머니들의 재미난 놀이터 같았다. 머리 손질을 하시는 할머니 표정과 그 뒤에서 기다리시는 할머니들을 동시에 카메라에 담고 싶었다. 그래서 바로 찍지 않고, 거울에 반사된 모습을 보면서 촬영했다. 좁은 공간에서 거울은 때론 효율적인 수단이 되기도 한다.

를 복원한 뒤부터 이 조용한 구읍이 시인의 마을로 조금씩 변해가고 있다. 옛 생가를 되살린 지용 생가에는 옛 모습 그대로인 초가집이 지어져 있었다. 집 옆으로 그의 시 구절처럼 '실개천이 휘돌아 나가고' 있다. 고향이 너무도 그리워 타국에서 지었던 시 「향수」에 그려냈던 풍경은 많이도 변했지만, 흐르는 물만은 그대로다. 집 뒤에 있는 문학관에는 시인의 흔적을 볼 수 있는 자료들이 많았다.

하지만 오늘날에 살아 있는 시인의 흔적은 문학관이 아닌 구읍 안에서 발견했다. 사거리에 있는 상점들의 간판이 대표적이다. 작고 예쁜 간판들 옆에는 그 상점 이름에 어울리는 정지용 시인의 시구가 들어가 있었다. 시가 있는 간판이라…. 이보다 아름다운 간판이 있을까. 저마다 자기 이름만 크게 보이려는 간판에 익숙해져 있는 터라 처음 만난 '이야기가 있는 간판'이 마냥 신기했다. 걷는 내내 즐거움의 연속이었다.

'사랑 노래 연습장' 간판에는 '항상 머언 이 나는 사랑을 모르노라'라는 이야기가 적혀 있다. '꿈엔들 잊을 리 없는' 구읍 할인 상점, '곡식알이 떨어져도 싹은 반

음식점으로 사용되고 있는 1934년에 지어진 한옥

드시 우로'라고 적힌 '문정 정미소'에 사람이 드나든다. '얼룩백이 황소가 해설 피 금빛 게으른 울음을 우는 곳'의 명광 정육점 간판은 읽을수록 미안한 마음이 커졌다. 나란히 붙어 있는 분홍색 간판의 갈릴레아 미용실, 푸른색 간판인 바다 이용원에는 연인이 들어갔다가 나와 데이트라도 갈 것 같다.

갈릴레이 미용실로 들어갔더니 할머니들로 와자지껄했다. 그런데 할머니들 모두가 머리를 손질하러 오신 게 아니었다. 한 분만 파마를 하러 오셨고, 따라온 할머니가 네 분이나 되었다. 따라온 분들은 기다리기 심심하셨는지 파마할 때 쓰는 기구도 대신 정리하고, 다른 손님들에게 커피도 타서 돌리셨다. 정지용 시인은 시 「갈릴레아 바다」에서 '나의 가슴은 조그만 갈릴레아 바다'라고 읊었는데, 이 조그만 미용실은 동네의 커다란 사랑방이었다.

'모초롬만에 날려온 소식에 반가운 마음이 울렁거리는' 구읍 우편취급국은 1910년경 지어졌다는 일본식 상가 건축물에 있다. 우편취급국에서 20년 넘게 우편 업무를 보고 계시다는 할아버지(임용진, 72세)를 만났다. 할아버지는 개인 우편물의 양이 많이 줄어드는 사실에 안타까워 하셨다. 우편취급국 옆에는 커다란 우체통이 세워져 있었다. 여기 온 사람들이 손으로 정성스럽게 쓴 편지를 보내는 것도 좋은 추억 만들기가 되겠다 싶었다.

갈릴레이 미용실 앞에는 예전 옥천여자중학교 교무실로 쓰였다는, 지은 지 100년이 넘은 한옥이 있었다. 수많은 세월이 흐르는 사이에 이 한옥은 집이었다가 학교였다가 공장이 되었다가 다시 집이 되었다. 그 긴 시간 동안 없어지지 않고 남아 있어 다행이다. 이 구읍에는 죽향 초등학교, 김기태 고택, 한식당 아리랑 등 100여 년이 넘은 한옥들도 있다.

변화가 많지 않았던 마을이라 실망하는 구읍 사람들에게는 미안했지만, 마을을 다니는 내내 곳곳에 숨겨진 보물을 찾고 있다는 느낌이 들었다. 끊임없이 나오는 보물들을 찾는 시간이었다. 다시 우편취급국 아래 섰다. 하루 종일 시와 같이 지냈더니 '모초롬만에' 글이 쓰고 싶어졌다. "보물은 찾는 사람이 임자다."

찾아가는 길　　주소 충청북도 옥천군 옥천읍 상계리, 하계리
경부고속도로 옥천IC 옥천/보은 방면으로 우측 고속도로 출구 → 옥천톨게이트 → 옥천IC사거리에서 속리산/보은/대전 방면으로 좌회전(중앙로) → 문정삼거리에서 수북 방면으로 우측 방향 → 구읍 도착

소설 속 한옥과의 만남

상신마을

산 위에서 내려다보면 거대한 소구유처럼 보이는 마을.
박경리 선생님의 소설「토지」에 나온 최참판댁의 모델이었던
조 부잣집이 자리하고 있다.

뺨을 대보고 싶은 하얀 벚꽃이 핀 길. 구례에서 하동으로 가는 이 국도는 가보지 않은 사람과 나눌 이야기가 없을 정도로 환상적인 드라이브 코스다. 문제는 항상 타이밍이다. 피기 전 아니면 지고 난 뒤가 아닌, 가장 예쁠 때의 벚꽃을 보려면 정말 운이 좋아야 한다. 국도에 들어서면서 활짝 피어 있는 꽃 터널을 지날 때마다 탄성이 절로 나왔다. 바람에 날려 차 주위로 흩뿌려지는 하얀 꽃잎들의 환송을 받으며 악양면으로 갔다.

평사리 넓은 들판을 지나 정서리에 들어섰다. 이곳은 아주 오랜 옛날에 마을이 형성됐을 정도로 자연환경이 좋았던 지역이다. 작은 돌담길을 따라 걷다가 오래된 고택 앞에 멈췄다. 이 집부터 상신마을이 본격적으로 시작된다. 고택 앞에는 손자들을 돌보는 할머니들이 계셨다.

세 살 난 아이 하나는 낯선 사람을 보자 기분이 좋았던지 연신 할머니 주위를 돌며 즐거워했다. 그리고는 옆집 대문에 머리를 들이밀더니 마당에 계시던 옆집 할머니를 불렀다. 마당에서 삶은 고사리를 널고 계시던 할머니는 불기운이 남아 뜨거운 솥 주변에 아이가 오지 못하게 막으셨다. 모든 분들이 누구의 손자라고 가릴 것 없이 함께 놀아주거나 위험한 일이 일어나지 않게 아이를 돌보셨다. 결국 할머니 손에 잡혀 손자는 자리를 떠났다.

대문을 지나 집 앞에서 오랜 고택의 흔적을 감상하고 있는데, 옆의 작은 방에서 이 집 후손인 조한승(86세) 할아버지가 나오셔서 반갑게 맞아주셨다. 조 부잣집으로 불리는 고택인데, 1876년에 짓기 시작해서 17년에 걸쳐 완성되었다. 동학혁명 때 불에 타서 복원된 부분만 남아 있다고 하셨다. 돌아가신 박경리 선생님의 소설 「토지」에 등장한 최참판댁의 모델이 된 것이 바로 이 집이다. 할아버지의 어린 시절에는 집에서 일하는 일꾼이 얼마나 많았는지 식사 때마다 40~50명이 되

📷 분위기 있는 정물 촬영법

부엌 작은 창가 옆에 놓여 있는 양은냄비를 촬영한 사진이다. 자연 광원을 이용해서 촬영하는 경우, 특히 창을 통해 들어오는 빛은 부드럽고 그 방향성도 보이는 아주 쓰임새 좋은 빛이다. 창의 크기에 따라 사물에 비춰지는 느낌이 다르다. 창의 크기가 커질수록 부드러워지고 창의 크기가 작아질수록 콘트라스트가 강해진다. 잘 활용한다면 사진 스튜디오에서 찍는 것 못지않은 분위기 있는 촬영이 가능하다.

오랜 시간 이어진 마을들을 이렇게 보고 있자면
거기에 살았을 사람만 떠오르는 게 아니라
땅과 강과 하늘이 보인다. 사람만 사는 세상이 아니다 싶다.

마을 뒷산에서 버섯재배용 나무를 옮기는 마을 주민

는 사람들이 밥을 먹었다고 하니 얼마나 큰 부잣집이었는지 가늠이 되었다.

할아버지는 이 집에서 꼭 보여주고 싶은 게 있다고 하시면서 집안으로 안내하셨다. 몇 개의 문을 열고 들어가다가 작은 계단을 통해 방안에 올라섰다. 방 옆문을 여니 보통 방 높이보다 훨씬 높은 위치에 있어서 마당이 훤하게 보였다. 단독주택이었다면 다락방 정도의 높이였다. 나도 어릴 때 다락방에 올라가 놀기를 좋아했는데, 할아버지도 이 공간을 좋아하셨는지 벽에 기대 있는 모습이 더없이 평화로워 보였다. 할아버지는 마당 연못 가운데 있는 백일홍나무를 가리키면서 꽃이 필 때 한번 오라고 초대하시고는 방으로 들어가셨다.

집을 나와서 돌담을 따라 마을 안으로 천천히 들어갔다. 뒤에서 오던 경운기 소리가 점점 커졌다. 고사리도 캐고 버섯 재배에 쓸 나무를 하러 산에 간다는 아저씨를 따라 경운기에 올라탔다. 경운기가 천천히 올라간다 싶었는데 알고 보니 산의 경사가 점점 높아졌다. 뒤를 보니 높은 산 중턱까지 넓은 들이 펼쳐져 있었다. 거대한 소구유처럼 생긴 들판의 모습이 장관이었다. 아저씨가 경운기를 세워두고 딴 고사리가 주머니 가득이었다. 봄이면 스무 번 정도 채취할 수 있다는데, 따고 돌아서면 또 자라 있다고 하셨다. 쉴 틈도 없이 나무를 하러 산

대하소설 『토지』의 최참판댁 모델이 된 조 부잣집

으로 올라가는 아저씨와 헤어져 산에서 내려왔다.

불어오는 봄바람이 시원하긴 했지만, 목이 말라 산 중턱에서 일하시는 아주머니께 부탁드렸다. "우리 집 물 맛있는데 어떻게 알았나" 하시며 기분 좋게 수도꼭지를 열어주셨다. 조금만 더 일찍 왔으면 보았을 예쁜 버들벚꽃 구경을 놓쳤다고 아쉬워하셨다. 그 고운 마음을 선물로 받고 마을로 내려왔다. 집들 사이에 있는 돌담이 정겹게 보였다. 이곳에 사는 분들도 쌓인 돌과 돌 사이처럼 열려 있는 마음으로 지내고 계실 것만 같았다. 돌담 사이로 아이들의 목소리가 들렸다. 집으로 들어가면서 좀 이따 만나자고 했다. 뭘 하고 놀려는 걸까. 궁금해서 따뜻한 돌담에 기댄 채 기다려보고 싶어졌다.

찾아가는 길　주소 경남 하동군 악양면 정동리

순천완주고속도로 구례화엄사IC에서 구례/지리산 방면 우측 고속도로 출구 → 구례화엄사톨게이트 → 용방교차로 구례/지리산국립공원 방면으로 우측(19번 국도) → 냉천IC 하동/화엄사/구례구역 방면으로 우측(18번 국도) → 냉천IC 하동 방면으로 좌측 방향(18번 국도) → 평사리삼거리에서 악양 방면으로 좌회전(악양서로) → 악양면 보건지소 지나 갈림길에서 좌회전 → 정동마을 입구에서 좌회전(정동동신길) → 약 600m 뒤 삼거리에서 우회전 → 60m 뒤 도착

한솥밥으로 사는 열일곱 가구

불대마을

사촌 형제들도 1년에 얼굴 한 번 보기 힘든 세상.
그런데 불대마을 사람들은 1년에 몇 개월씩 한솥밥을 먹는다.
농사가 끝난 가을부터 다음 봄까지 한 상에서 밥을 먹는다.
진정한 이웃사촌, 아니 가족이다.

'부처님 자리'라는 뜻의 불대마을. 해발 500미터가 넘는 높은 곳 골짜기에 마을이 있다. 삼도봉(충북·전북·경북)에서 민주지산으로 이어지는 산줄기에 둘러싸인 채 폭 파묻혀 있어 아늑하다. 남한 최고의 원시림을 자랑하는 민주지산 정상(1242미터)과 마을의 거리가 겨우 2.9킬로미터밖에 되지 않을 정도로 높은 곳이다.

마을 입구에 들어서자 수령이 오래된 커다란 느티나무 한 그루가 맞아준다. 이 마을에는 독특한 풍습이 있다. 열일곱 가구 온 마을 주민들이 추수가 끝나는 날부터 다음해 농사가 시작되는 날까지 마을회관에 모여 밥을 함께 해 먹는 것. 몇 개월 동안이나 함께 밥을 해 먹다니 서로 보통 의좋지 않고서는 불가능한 일로 보였다. 그런데 가는 날이 장날이라고 하필이면 내가 마을에 찾아간 날이 밥을 먹지 않는 바로 그날이었다. 마을회관 옆에 사시는 노인회장 댁 박우순 할머니는 마을 자랑을 하시다가 그 모습을 보여줄 수 없어 무척이나 아쉬워하셨다.

의좋은 모든 동네 어르신들을 한 번에 뵐 좋은 기회를 놓친 나도 서운해하면서 아직도 눈이 군데군데 남아 있는 마을 안쪽으로 터덜터덜 들어갔다. 담장 너머로 빨랫줄에 걸린 털목도리가 보였다. 털실 술 끝에 달린 물방울이 얼어서 얼음덩어리가 매달려 있는 모습에 이끌려 그 조그만 집으로 들어갔다. 빨랫줄 밑에서 삶은 빨래를 헹구는 할머니가 보였다. 할머니 등 뒤로 집 외양간의 소가 머리를 쭉 내밀고 입맛을 다시고 있었다. 이 마을에서는 소를 많이 기르는데, 기계가 들어가지 못하는 논이 많아 일소들이 꼭 필요하기 때문이라고 한다.

집 담 너머로 우렁찬 소리를 내며 지나가는 경운기가 보였다. 그런데 경운기 모양이 재미있다. 차양에 백미러, 뒤에는 경광등까지 갖추었다. 운전하는 할아버지께 들어보니 이 마을에는 버스가 오질 않아서 동네 사람들이 설천면까지 이

📷 인물의 좋은 표정 잡는 법

마당에서 일하던 아주머니가 집 마당으로 놀러온 옆집 아주머니를 보고 반가워하는 순간을 촬영했다. 두 사람의 반가운 느낌을 표현하고 싶었는데, 화면에 두 사람이 다 들어오면 시선이 분산될 수 있었다. 카메라 앵글을 내려 마당에 들어온 분의 발만 들어오게 하고, 이를 보시는 분의 표정을 화면에 크게 들어오게 해서 두 분의 반가운 마음을 표현했다.

시골 마을에서 일하는 소를 보기는 어렵다.
그 자리를 차지한 것이 바로 경운기다.
짚단도 날라 주고 나뭇단도 옮겨 준다.
불대마을에서는 마을버스 노릇도 하는 경운기다.

위 고드름이 매달린 빨래 **아래** 초승달이 뜬 마을

경운기를 대중교통으로 이용하신다는 것이었다. 무주군에서는 주민들의 안전을 위해 경광등과 차양 등을 경운기에 설치해주어서 이런 특별한 모습의 경운기가 다니고 있었다. 하지만 지금 경운기는 소 먹일 짚을 실으러 아래 논으로 내려가는 중이었다. 농기계 대신 일을 하는 소들과, 농사일과 마을버스 노릇을 하는 경운기는 이 마을에서 귀중한 존재였다.

할머니들의 웃음소리에 끌려 양지바른 넓은 마당에 들어섰다. 동네 어른들이 앉아 대화도 하시고, 나물을 다듬거나 새로운 도구를 만들고 계셨다. 아무 일 없이 햇볕을 쬐며 웃고 계시는 분들도 보였다. 노인회장님도 계시기에 반갑게 인사를 드렸다. 그런데 할머니들 사이에서 노인회장님에 대한 칭찬 릴레이가 시작되었다. 그중 귀에 쏙 들어오는 칭찬은 할머니들 이름을 불러주신다는 것. '아무개 여사님'이라는 이름을 불러주는 일은 다른 마을에서는 좀처럼 보기 드문 경우다. 시집온 뒤로 평생 '누구 엄마'나 '무슨 댁'으로 살면서 자기의 이름을 잊고 지낸 할머니들의 이름을 노인회장님이 찾아주신 셈이다. 그 노력에 마을 할머니들은 감사의 인사를 잊지 않았다. 정작 칭찬을 받으시던 회장님은 멋쩍은 미소만 보이시다가 훌쩍 일어나시더니 언덕길을 부지런히 내려가셨다.

회장님 뒷모습을 보며 김춘수 시인의 「꽃」이라는 시 구절이 떠올랐다. '내가 그의 이름을 불러주기 전에는 그는 다만 하나의 몸짓에 지나지 않았다. 내가 그의 이름을 불러주었을 때 그는 나에게로 와서 꽃이 되었다.' 세상 모든 것에는 이름이 있고, 그 이름이 저마다에게 존재로서의 가치와 삶의 의미를 준다. 회장님의 작은 배려가 할머님들의 인생에 활력이 되고 있는 게 분명했다.

마을에 해가 넘어가자 또 다른 활력소가 올라오고 있었다. 오늘따라 부처님의 미소처럼 입가에 미소를 짓고 있는 예쁜 초승달이 나무에 걸터앉아 마을을 내려다보고 있었다.

찾아가는 길 주소 전북 무주군 설천면 대불리

통영대전중부고속도로 무주IC 함양/덕유산 방면으로 우측 고속도로 출구 → 무주톨게이트 → 가림교차로에서 영동/무주 방면으로 우측 방향(19번 국도) → 무주1교차로에서 성주/구천동/무주리조트/안국사, 무주읍 방면으로 우측 방향(30번 국도) → 무주2교차로에서 반디랜드/성주/설천 방면으로 우회전(무설로) → 오산리, 장백교, 상길마을, 무항삼거리, 설천파출소 지나 삼도봉장터 방면으로 좌회전(삼도봉로) → 3.7km 정도 가다가 갈림길에서 불대마을 방면으로 좌측 방향(불대길) 1.5km 정도 가면 도착

나를 위한 인생의 쉼표 여행

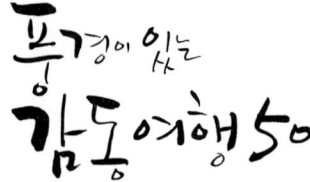

풍경이 있는
감동여행 50

초판 1쇄 | 2011년 7월 1일

지은이 | 남윤중

발행인 겸 편집인 | 유철상

기획 | 채림
책임편집 | 임지선
교정·교열 | 임지선
디자인 | 주인지

펴낸 곳 | 상상출판
주소 | 서울시 동대문구 용두동 790번지 롯데캐슬 피렌체 상가 3층 306호
구입·내용 문의 | **전화** 070-8886-9892~3 **팩스** 02-963-9892
홈페이지 | www.esangsang.co.kr
등록 | 2009년 9월 22일(제305-2010-02호)
찍은곳 | 다라니

※ 가격은 뒤표지에 있습니다.

ISBN 978-89-94799-09-4(13980)

(주)테마캠프여행사의 또다른 이름..

행/복/충/전/소 입니다.

앞서가는 상품 기획력과 행사진행 노하우로 국내여행을 이끌어 가겠습니다.

20~30대 젊은 층부터 가족단위까지 전 연령 층의 회원을 확보한 국내여행사로,
내륙 테마여행상품을 직접기획하고 진행하는 국내 전문여행사.

테마여행, 섬여행, 체험여행, 현장학습여행, 수학여행, 인센티브 등
월별 50가지 이상의 다양한 패키지를 진행하고 있으며,
투어익스프레스, 하나투어, 모두투어, 넥스투어, 웹투어, 롯데관광 등
국내 온라인 여행사 및 오픈마켓, 쇼핑몰과 업무제휴 및 여행상품 공동판매중이다.

지역자치단체의 관광활성화를 위한 노력에 참여함으로써,
고객만족과 지역활성화의 견인차 역할을하고 있다.